世界上最闷最闷的天气书

［韩］崔善喜／著 ［韩］金住京／绘
千太阳／译

U0258723

中信出版集团·北京

图书在版编目（CIP）数据

世界上最闷最闷的天气书／（韩）崔善喜著；（韩）
金住京绘；千太阳译. —2 版. —北京：中信出版社，2013.1（2022.2 重印）
ISBN 978-7-5086-3699-3

I. ① 世⋯　II. ① 崔⋯ ② 金⋯ ③ 千⋯　III. ① 天气学
－儿童读物　IV. ① P44-49

中国版本图书馆 CIP 数据核字（2012）第 279967 号

The Most Changeable Weather Book in the World
Text © CHOI, Sun-hee（崔善喜），2009
Illustrations © KIM Joo-kyung（金住京），2009
All RIGHTS RESERVED.
Chinese（Simplified）Translation copyright © China CITIC Press, 2010
Published by arrangement with Woongin Thinkbig Co., Ltd.
through Eric Yang Agency, Korea
本书仅限中国大陆地区发行销售

世界上最闷最闷的天气书

著　　者：[韩] 崔善喜
插　　图：[韩] 金住京
译　　者：千太阳
出版发行：中信出版集团股份有限公司
　　　　　（北京市朝阳区惠新东街甲 4 号富盛大厦 2 座　邮编　100029）
承　印　者：北京通州皇家印刷厂

开　　本：787mm×1092mm　1/16　　印　张：8.5　　字　数：65 千字
版　　次：2013 年 1 月第 2 版　　印　次：2022 年 2 月第 14 次印刷
京权图字：01-2010-0835
书　　号：ISBN 978-7-5086-3699-3
定　　价：48.00 元

世界上最闷最闷的天气书

前言

淘气的天气

早晨的时候还是晴空万里，但是在中午回家的路上突然下起了倾盆大雨……

刚在体育课上跑得汗流浃背，这时竟然迎面吹来一阵凉爽的风……

可怕的龙卷风把平静的村庄夷为平地……

朵朵白云飘在天空中……

天气就像一个淘气鬼，它每天都影响着我们的生活。你是不是曾因为天气的变化而有过各种各样有趣或者糟糕的经历呢？你是不是曾经在大雪纷飞的时候出去堆雪人，在炎热的夏天到凉爽的海边游泳？或者看到大雨过后美丽的彩虹而惊叹，因为沙尘暴而不得不戴上令人难受的口罩，又或者因为淋雨而患上感冒，因为震耳欲聋的雷声而躲进被窝里不肯出来？

是不是在不同天气里发生的大大小小的事情说也说不完？是的，天气和我们的日常生活是密不可分的。

但是为什么天气会如此多变呢？因为这多变的天气，我们每天早晨出门时都会有些担心，所以我们有必要揭示天气变化的原理，我

们只有知道了其中的秘密才能更好地利用天气。

其实，这样反复无常又多变的天气也有自己的苦衷。它的苦衷是什么？这并不是一个简单的问题，因为天气并不是一个好"对付"的朋友。不过大家也不用因此而放弃探索，因为我们会在本书中详细地向大家解释，这样它真实的面目也会露出来。

那么，我们现在就来看一看天气的苦衷到底是什么吧！

崔善喜

2009年11月

目录

变化无常的天气

变化无常的天气

变化无常的天气

风

因空气流动而形成的风

我们是看不见风的，但是我们能在旗帜飘动和出汗的额头变得凉爽的时候察觉到风的存在。风就是这样一种我们看不见，但是时时刻刻都存在于我们周围的一种自然现象。那么风到底是从哪里来的呢？

在没有空气的月球上，头发是飘不起来的

月球

没有空气，就没有风

空气和风的关系非常密切。为什么？风就是因为空气的流动而形成的。空气中有氧气、氮气、二氧化碳等气体，当空气向其他地方流动时，就会产生风。没有空气的月球上是没有风的，所以在月球上，旗帜不会飘动，当然头发也一样不会飘动起来。

在现实生活中，我们是看不到空气的流动的。因为我们看不见空气，所以我们也看不见风。但是通过树叶的摇摆、头发的飘动，我们可以察觉并确认由空气的流动而形成的风的存在。

微风让我们感到凉爽，而冷风却让我们感到手脚发凉，这都表明我们的身体是能够感知到空气的流动的。

那么风为什么有时候是轻轻刮起，有时候却又猛烈地乱吹呢？答案仍然在于空气的流动。因为空气的流动会形成风，所以流动的

二氧化碳

无风的时候

快慢将决定风的大小。如果空气流动得缓慢，那么风力就会很弱；相反，如果空气流动得很快，那么风力就会很强。

根据风的速度和强弱，我们可以把风分为 13 级，那就是：无风、软风、轻风、微风、和风、劲风、强风、疾风、大风、烈风、狂风、暴风、飓风。这些风的名字是不是很有趣呢？

在空气的量平衡之前，空气会继续流动

这时候，我们还会有一种疑虑。那就是，空气为什么会流动呢？因为空气有一种想要使每个地方的空气的量达到平衡的特点。例如，当我们把气球吹得鼓鼓的，然后轻轻松开手时，气球就会"噗"的一声飞起来，因为气球里面的空气正在快速地向外面流动。

吹起软风的时候

吹起轻风的时候

吹起微风的时候

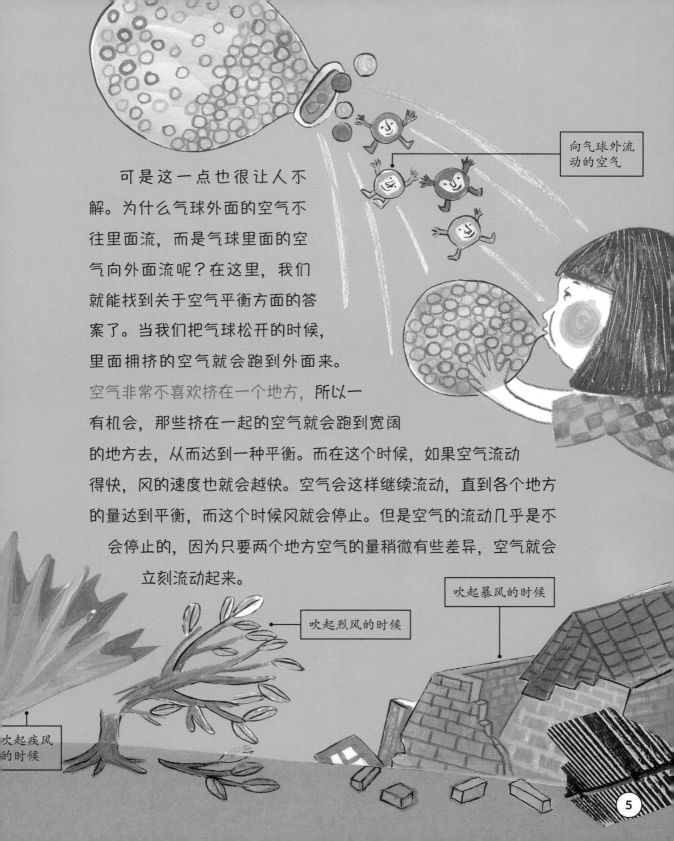

向气球外流动的空气

可是这一点也很让人不解。为什么气球外面的空气不往里面流，而是气球里面的空气向外面流呢？在这里，我们就能找到关于空气平衡方面的答案了。当我们把气球松开的时候，里面拥挤的空气就会跑到外面来。空气非常不喜欢挤在一个地方，所以一有机会，那些挤在一起的空气就会跑到宽阔的地方去，从而达到一种平衡。而在这个时候，如果空气流动得快，风的速度也就会越快。空气会这样继续流动，直到各个地方的量达到平衡，而这个时候风就会停止。但是空气的流动几乎是不会停止的，因为只要两个地方空气的量稍微有些差异，空气就会立刻流动起来。

吹起暴风的时候

吹起烈风的时候

吹起疾风的时候

5

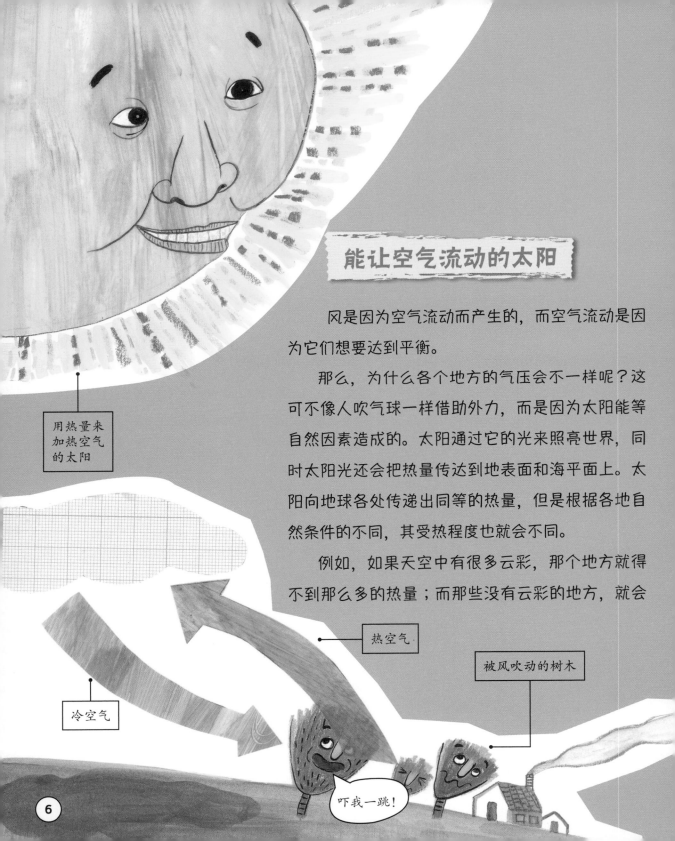

能让空气流动的太阳

用热量来加热空气的太阳

风是因为空气流动而产生的，而空气流动是因为它们想要达到平衡。

那么，为什么各个地方的气压会不一样呢？这可不像人吹气球一样借助外力，而是因为太阳能等自然因素造成的。太阳通过它的光来照亮世界，同时太阳光还会把热量传达到地表面和海平面上。太阳向地球各处传递出同等的热量，但是根据各地自然条件的不同，其受热程度也就会不同。

例如，如果天空中有很多云彩，那个地方就得不到那么多的热量；而那些没有云彩的地方，就会

热空气

被风吹动的树木

冷空气

吓我一跳！

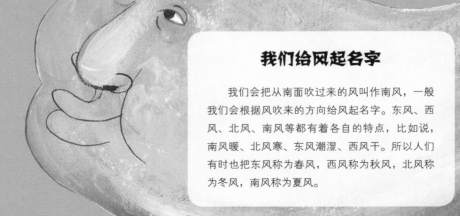

得到很多的热量。吸收了更多热量的空气
变热后会上升，而其空缺的地方会由其他地方较冷的
空气流动过来弥补。因为空气既不能保持太稠密的形态，也
不能保持太稀薄的形态，所以它们会通过流动来弥补那些空缺的
地方以保持气压的平衡。

　　所以，如果没有太阳，空气也不会被加热；空气如果没有被加热，
各个地方的空气的气压也不会产生差异；如果各个地方的气压没有差
异，那么空气也不会流动；空气不流动，风也就不会存在。也就是说，
在强大的风的背后，有着更加强大的太阳。

我们给风起名字

　　我们会把从南面吹过来的风叫作南风，一般
我们会根据风吹来的方向给风起名字。东风、西
风、北风、南风等都有着各自的特点，比如说，
南风暖、北风寒、东风潮湿、西风干。所以人们
有时也把东风称为春风，西风称为秋风，北风称
为冬风，南风称为夏风。

大气压

气压高就是**高气压**，
气压低就是**低气压**

我们经常能在天气预报中听到"高气压"或者"低气压"这类词汇。从这一点上，我们就能判断出高气压和低气压与天气有着密切的关系。那么到底什么是高气压和低气压呢？

100 公斤重的空气团

哇！空气实在是太沉了！

从四面八方压过来的空气的力量——大气压

如果把地球上所有空气的重量都加起来的话，会有多重呢？很遗憾，我们现在还测算不出准确的数值。因为如果把从地上到天空上的空气全部都加起来的话，其重量会是一个天文数字。

那么，空气到底有多重呢？虽然我们看不见空气，也摸不到空气，但是我们却不能小看这些空气的重量。事实上，空气比我们想象的要重得多。

如果空气那么重的话，我们用手来举一举啊！可是无论我们把伸出来的手怎么上下摆动，我们丝毫都感觉不到空气的重量。下面，我将向大家说出真实的情况，千万不要被吓到啊！事实上，这个时候在你的手上有重达 100 公斤的空气。也许你不会相信，我们的手上确实有比一袋大米还要重的空气。那为什么我们没有感受到它的重量呢？

我们的手托起那么重的空气，为什么会没有感觉呢？那是因为不仅我们手的上面有空气，我们手的左边、右边和下边同样有空气在支撑着我们。因为向下压的力量和支撑的力量互相抵消掉了，所以我们是感觉不到任何压力或重量的。

就这样，在日常生活中，我们的身体感觉不到空气给我们的任何压力。我们把空气的这种压力叫作大气压。

大气压，每时每刻都不一样

空气围绕在我们的周围，但每个地方、每一时刻的大气压都是一样的吗？我们可以从攀登珠穆朗玛峰的登山者那里得到答案。

肚子饿了的登山者会把冰雪融化掉，然后用那些化开的水煮一些面吃。这时候，他们会在锅盖上放上一块比较沉的石头。这是为什么呢？

远离地面的高山上，空气比较稀薄，大气压会比较低。也就是说，空气的压力比较弱。加热水而生成的水蒸气会向上蒸发，并向上推起锅盖，但是因为那里的大气压低，所以向下压锅盖的力量也比较弱。所以即使盖上锅盖，带出热量的水蒸气也会不断跑出来使得锅里的水很久才沸腾。

这个时候，如果把石头放在锅盖上，就能帮助大气压防止太多的水蒸气跑出来，从而让水能够更快地沸腾起来。大气压并不是在任何地点都有着同样的力量的。而我们就是把在不同地点、不同时段都不一样的大气压分别叫作高气压和低气压。在同一高度上，如果比周围的气压高，那么我们就把那里的大气压叫作高气压；如果比周围的气压低，那么我们就把那里的大气压叫作低气压。

换句话来说，如果那里的空气比周围多而气压高，那么那个地方就是高气压；如果那里的空气比周围少而气压低，那么那个地方就是低气压。

气压比较低的高山

防止水蒸气跑出来的石头

拉面啊，快点熟吧！

看来要在上面放一块石头了！

哇！看起来好好吃啊！

想要跑出来的水蒸气

妈妈的情绪是高气压还是低气压?

看到我那得"鸭蛋"的试卷后，妈妈皱起眉头要发火，她的情绪是低气压呢，还是高气压？如果要想得到问题的答案，我们就要了解低气压和高气压时的天气状况。那么，我们首先来看一看处于高气压时的空气的变化吧。

高气压时，空气会向地面压下来。因为空气的力量是很大的，所以这点事情是小菜一碟了。如果大部分的空气都到了地面的话，那么天空中肯定会没有多少水蒸气。没有水蒸气，天空中也就不会生成云彩，没有云彩天空中也就不会下雨了。所以高气压时，天空上没有云彩或者云彩不会太多，天气一般会很晴朗。

而低气压时，所有的现象都与高气压时相反。如果没有足够向下压的力量，那么地面的空气就会上升。这时候上升的空气中的水蒸气会变成一朵朵云彩。而因为这些云彩，天气有时会变得阴暗，有时还会下起雨来。

那么看到得"鸭蛋"的试卷后，妈妈的情绪该怎么形容呢？说"妈妈的情绪现在正处在低气压"是不是比较合适呢？

在日常生活中，如果某个人的心情不好或者脸色不好时，我们就会说"那个人的情绪是低气压"。

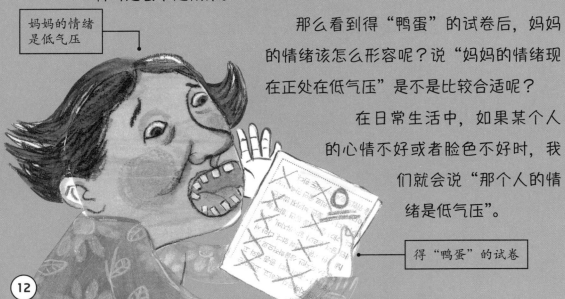

妈妈的情绪是低气压

得"鸭蛋"的试卷

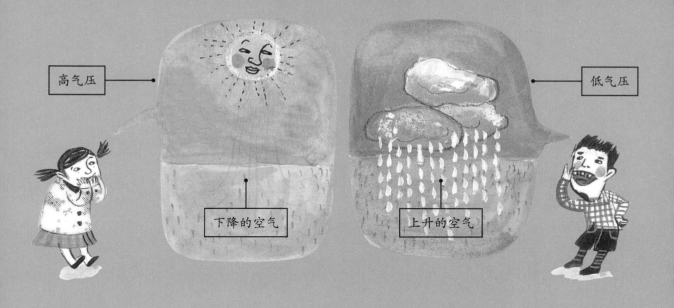

高气压

低气压

下降的空气

上升的空气

低气压有时也可以形容像阴暗的天气一样不愉快的情绪。

引起气候变化的高气压和低气压

在自然条件下，水是从高处往低处流的。空气的流动也是这样，从高气压处流往低气压处。即使人们怎么努力，都不能让空气从低气压处流向高气压处。如果高气压和低气压间的压差很大的话会怎样呢？水的落差越大，水流越快！像水一样，如果气压差越大，空气流动得就越快。而这种空气的流动就是我们在前面所讲的"风"。高气压和低气压并不是不变的，它们会通过空气的流动引起天气的变化。

山谷风

从山谷里和山坡上吹过来的风

"从山上吹来的是凉爽的风，那风是好风、令人感激的风。"

"夏天，樵夫在砍柴的时候，这风会悄悄地把汗水带走。"

这是韩国童谣《山风，河风》里的两句话。等会儿！

从山上吹来的风真的能带给樵夫凉爽的感觉吗？

揭开山谷风秘密的钥匙——随温度而变化的空气密度

如果在浴盆里同时加入冷水和热水并稍稍放置一会儿的话，会发生什么现象呢？这样一来，凉水会到下面去而热水会到上面来。所以我们在进入浴盆之前如果不用手划一划将水搅匀的话，我们将脚伸进去的时候还会感到水非常地烫。那么，为什么会发生这种现象呢？这是因为不同温度的水，其密度是不一样的。

密度是指，一定空间的体积和物质所固有的质量间的比率，及某种物质单位体积的质量。同等质量的水，其体积变大的话，密度就会变小；如果体积变小，那么密度就会变大。

随着温度的升高，水分子的活动就会变得活跃。而水分子活动的活跃会使得水的体积变大，而随着体积的变大其密度就会变小。相反，如果温度变低，水分子的活动就会减弱。而水分子活动的减弱会使得水的体积变小，而随着体积的变小其密度就会变大。所以凉水因为密度

哇，好暖和啊！

温度高时，更加活跃的水分子

15

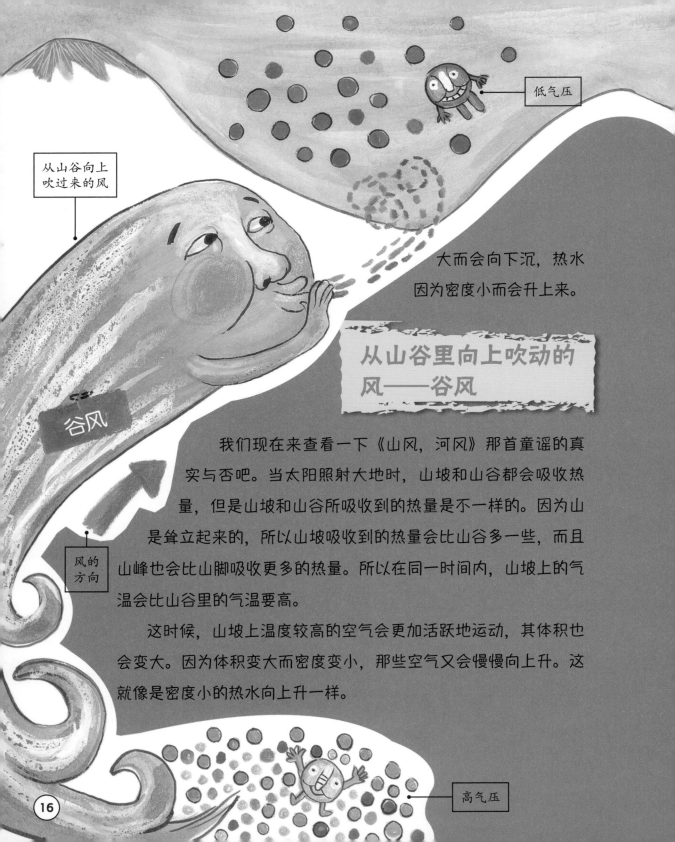

低气压

从山谷向上
吹过来的风

谷风

风的
方向

大而会向下沉，热水
因为密度小而会升上来。

从山谷里向上吹动的
风——谷风

　　我们现在来查看一下《山风，河风》那首童谣的真实与否吧。当太阳照射大地时，山坡和山谷都会吸收热量，但是山坡和山谷所吸收到的热量是不一样的。因为山是耸立起来的，所以山坡吸收到的热量会比山谷多一些，而且山峰也会比山脚吸收更多的热量。所以在同一时间内，山坡上的气温会比山谷里的气温要高。

　　这时候，山坡上温度较高的空气会更加活跃地运动，其体积也会变大。因为体积变大而密度变小，那些空气又会慢慢向上升。这就像是密度小的热水向上升一样。

高气压

　　这样，当山坡上的空气向上升起而使得山坡上的空气变稀薄时，那里就会形成低气压。

　　那么，当山坡上的气压变低时，山谷里又会发生什么事情呢？山谷里因为有更多的树木，并且受热也比较少，所以温度会比较低。因为温度比较低，所以空气分子活动也比较缓慢，而其体积也会变小。因为空气的体积变小，所以密度就会变大，从而那些空气都会聚集在下面，形成高气压。

　　山谷里是高气压，而山坡上是低气压。那么，高气压会不会往低气压那里移动而形成风呢？是的，山谷里的高气压会沿着山坡向上移动而形成风。我们把这种风叫作谷风。

　　但是先不要急着看下一节！我们再来回顾一下前面的那首童谣，其中写到那风是从山上吹下来的，而不是从山谷里吹上去的。那么，从山上吹下来的风是什么风呢？

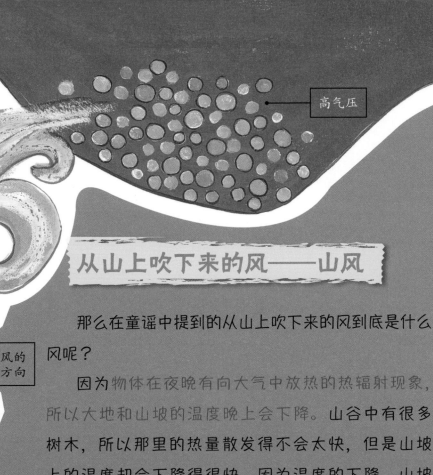

高气压

从山上吹下来的风——山风

那么在童谣中提到的从山上吹下来的风到底是什么风呢？

因为物体在夜晚有向大气中放热的热辐射现象，所以大地和山坡的温度晚上会下降。山谷中有很多树木，所以那里的热量散发得不会太快，但是山坡上的温度却会下降得很快。因为温度的下降，山坡上空气的密度就会变大，而这些密度大的空气就会形成高气压。相反的，山谷中就会形成低气压。

山坡上是高气压，山谷中是低气压，那么山坡上的高气压会如何移动呢？是的，

风的方向

山风

低气压

从山坡向下吹过来的风

月亮高高挂起的夜晚

在夜里，山坡上的高气压会向山谷移动，从而风会从山坡吹向山谷。所以在夜晚，风是从山坡吹向山谷的，而我们把这种风叫作山风。

我们把从山谷吹向山坡的谷风和从山坡吹向山谷的山风统称为山谷风。

山谷风并不是每天都会吹起来的，只有当天气晴朗和周围没有太大的风时才会形成。

好冷！

山脚下是夏天，山顶上是秋天？

山上的气温会随高度的不同而有很大的差别。大概每上升 100 米，气温就会下降 0.6 摄氏度。山越高，山顶上的气温就会越低。所以即使在夏天，我们到了很高的山顶后还是觉得很冷。

在夏天刚刚开始或即将离去时，虽然地面仍会热得让人受不了，但是在山顶上有时却会飘起雪花。如果山上还有强风的话，我们的体温就会下降得更快。所以在登山的时候，我们一定要根据山的高度来预备好防寒衣物。

哇噢，好凉快啊！

滚烫的**沙滩**，
凉爽的**海水**

烈日炎炎的夏日，如果光着脚在沙滩上漫步的话会怎么样呢？没准许多人都会烫得不能走路吧。但是有一点很奇怪啊，为什么沙子那么热，海水却很凉呢？而且为什么从海上吹过来的风又会那么凉爽呢？

啊，好烫！

一克水升高一摄氏度时，一克沙子会升高四摄氏度。

夏天滚烫的海边沙滩

一克水升高一摄氏度时，所需要的热量为一卡路里。我们把这个称为水的比热容。

水与沙子的比热容的差异

我们该如何去解释，夏天滚烫的沙滩和凉爽的海水这一神奇现象呢？

首先我们来想一想，沙滩和海水想要变热的话需要什么呢？如果想要使海水和沙滩的温度升高，是需要热量的。在海边，太阳会向海水和沙滩提供热量，而且沙滩和海水所吸收到的热量是一样的。但是为什么沙滩的温度那么高，而海水的温度却并不会那么高呢？

不同的物体在吸收到同等的热量时，升高的温度却并不是一样的。所以即使吸收到同样的热量，沙子的温度和海水的温度也不会一样。例如，一克水在升高一摄氏度时，所需要的热量为一卡路里（cal）。而这就叫作水的比热容。

比热容是指一克某种物质在升高一摄氏度时所需要的热量。每种物体的比热容都是不一样的。其中，水的比热容最大，为一卡路里每克摄氏度（cal/g℃）。

但是，沙子的比热容只有水的四分之一，也就是说，在一定时间里对同样质量的水和沙子进行同等的加热，那么水的温度升高一摄氏度，沙子的温度会升高四摄氏度。所以即使从

凉爽的海水

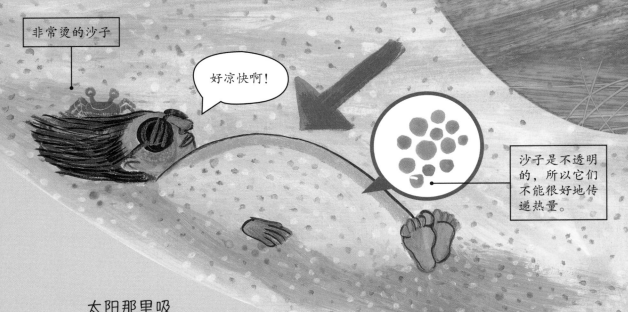

非常烫的沙子

好凉快啊！

沙子是不透明的，所以它们不能很好地传递热量。

太阳那里吸
收到了同等的热量，
因为比热容的不同，沙子会比水
的温度升得更高。

事实上，如果我们测量一下夏天海水和沙滩的温度的话，我们会发现，其温度差有时会高达 10 摄氏度以上。易受热的沙滩和受热慢的海水，其秘密就在于各自的比热容上。

沙滩与海水的温度差异——透明，海浪，蒸发

海水与沙滩的温度之所以会不一样，那是因为它们的比热容存在差异。但是影响它们温度的，其实还有其他因素。夏天的中午时分，沙滩上的温度会非常高，那么沙滩深处的温度又会有多高呢？事实上，在滚烫的沙滩下面，其温度是很低的。那些夏天把身子埋

在滚烫的沙子下的人，就是因为沙滩里面的温度低才能承受得了。因为人们知道，只要挖深一些，就能躺在凉快的地方。

那么大海里又会是什么样子呢？深海里也会像沙滩里面那样凉快吗？不是的。如果我们站在浅海处，我们是几乎感觉不到脚部海水温度和膝盖附近海水温度之间的差异的。如果我们没有下潜到几十米深处的话，是感觉不到海水的温度差异的。而这种现象是由下面三个因素造成的。

第一，透明与不透明的差异。因为水是透明的，所以阳光能够射入水的深处而被水吸收，所以阳光的热量会比较均匀地被水吸收。但是沙子是不透明的，所以阳光是照射不到沙滩深处的，而太阳的热量会被表面的沙子全部吸收。

水是透明的，所以水能很好地传递热量。

传递热量的水分子

第二，水的流动。因为海上面总有波浪，海水会不停地流动，从而使得位于海面上温度比较高的海水和位于海面下温度比较低的海水总能均匀地混合起来，而这种过程就使得海水的温度变得更加均匀了。但是沙子却移动不了，所以上层沙子的温度会很高，但是下层沙子的温度却会很低。

第三，水的蒸发。如果给水加热，那么水就会变成水蒸气从而蒸发到空中。而为了使得一克水全部蒸发掉，需要600卡路里的热量。这样，当一部分海水在蒸发的时候，会吸收掉周围的热量，那么海水的温度就更不容易上升了。但是沙滩里却没有多少水分，所以没有多少蒸发现象的沙滩的温度就会很高。

白天，从大海吹向陆地的风——海风

从大海吹向陆地，从陆地吹向海洋的海陆风

现在我们只剩下最后一个要解开的谜团了。在炎热的夏天，从海上吹过来的凉爽的风是从

夜晚，从陆地吹向大海的风——陆风

哪里来的呢？

我们都知道，白天陆地的温度比海洋的温度升高得更快一些，那么陆地周围的空气的温度就会升高，而这些被加热的空气会向上升，从而使陆地地面上的空气密度变小并形成低气压。相反，海水周围的低温会使得空气不能上升，而使得密度变大并形成高气压。

那么下面会发生什么现象呢？根据高气压的空气会流向低气压的原理，海面上的空气就会吹向陆地。我们把这种风叫作海风。

但是在晚上，情况就会变化。虽然沙子受热快，但是散热也很快。相反，海水虽然受热慢，但是散热也很慢。所以在夜晚，陆地会比海水更快地降温，那么陆地周围就会因为气温降低而形成高气压。因为海水的温度下降得比较缓慢，所以海面上的气温相对来说就比较高，进而会形成低气压，那么在夜晚，风会从陆地吹向海洋。我们把这种风叫作陆风。

而我们把从海洋吹向陆地的海风和从陆地吹向海洋的陆风统称为海陆风。

海陆风会变成季风？

与海陆风相似，因为陆地和海洋温度的差异而在大范围生成的且风向随季节有明显变化的风叫作季风。夏天，因为陆地的气温比海洋要高，所以陆地上会产生低气压而海洋上会产生高气压，从而风会从海洋吹向陆地。夏天，在沿海附近吹起东南风也是因为季风的关系。相反，在冬季，由于陆地比海洋降温要快，所以陆地（例如西伯利亚地区）会形成一种高气压，而风就会吹向低气压的海洋。所以到了冬天，就会吹起西北风了。

海陆风中海风比陆风要强，但是在吹季风时，由于冬天陆地与海洋的温度差要更大，所以冬季的季风会比夏季的季风要强。

救命啊！

龙卷风

卷走一切的可怕的
旋风

《绿野仙踪》是一本深受全世界小朋友喜爱的童话故事书。而把书中聪明善良的主人公——多萝西带到陌生而又神奇的冒险世界的就是龙卷风。那么，最近总是让美国国民陷入恐慌的那可怕的龙卷风，到底是什么呢？

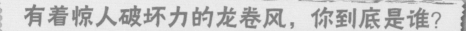

有着惊人破坏力的龙卷风，你到底是谁？

龙卷风主要发生在美国中南部地区，那是一种可怕的强旋风。龙卷风最大的特点就是，它们会以旋转的方式移动。一般风都是水平移动的，但是龙卷风的形状却像一个大吸管一样边旋转边移动，而且还会引起极其强大的旋涡。这时候，旋涡的速度会高达450千米/小时。

因为龙卷风旋涡的外围的力量比旋涡内部的力量要强很多，所以龙卷风旋涡的外围会把一切接触到的东西弹出去。而龙卷风旋涡内部因为气压较低，所以会把物体拉向空中。通常，龙卷风经过的地方，都会成为一片废墟，因为龙卷风能在一瞬间把汽车抛向天空，把房屋吹得四分五裂。龙卷风的形状，有时会像一个巨大的吸管，有时也会像一条龙的身躯一样蜿蜒。因为它的这一形状，所以人们才会把这种超强旋风叫作龙卷风。龙卷风还分为在陆地上发生的"陆龙卷"和在海上发生的"海龙卷"。

像螺旋一样旋转的龙卷风

一般来说，海龙卷比陆龙卷的速度
要慢一些，速度一般不超过 20 米/秒。这是
因为水比空气要重很多。也就是说，龙卷风
在陆地上旋转着移动要比在水中旋转着移动
更加轻松。

另一个影响海龙卷速度的原因是，海上的温度
差比较小，所以气压差也会比较小，从而会减弱海龙卷
的风速。但是我们并不能因此就小看了海龙卷，因为海龙卷有
时能把水中的鱼儿卷到空中，并随着气流送到内陆深处。

热空气与冷空气的相遇——龙卷风

龙卷风是由两个不同的气团相遇而生成的。而且，
两种气团的温度差要很大才可以。热空气与冷空气相
遇时，热空气会向上升，而冷空气则会沉到下面。

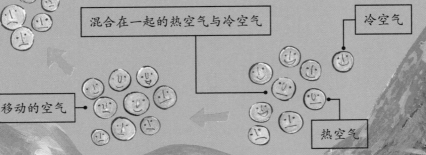

热空气向上，
冷空气向下

混合在一起的热空气与冷空气

冷空气

移动的空气

热空气

在海面上生成的海上龙卷风——海龙卷

这与在盆里倒入热水和冷水时发生的现象是一样的。

如果像上面所说的那样，热空气在上，而冷空气在下的话，两个气团仍会继续移动。为什么？因为温度高的空气有向温度低的地方移动的性质，就像空气会从高气压吹向低气压一样。这时如果两个气团的温度差非常大，那么气压差也会非常大，所以空气的移动速度会非常快。再加上它们受到地球自转的影响，所以就旋转起来，从而形成旋风。因为地球自转的方向是逆时针的，所以在北半球龙卷风的旋转方向也是逆时针的。

这样形成的龙卷风一般会在移动 5～10 公里后慢慢消失，但是有些龙卷风却会移动 300 多公里，造成极大破坏。

龙卷风通常会发生在年平均气温在 10～20 摄氏度的地区，所以年平均气温在 20 摄氏度以上的热带地区和年平均气温在 0 摄

海里的鱼儿

在北半球逆时针旋转的龙卷风

山

逆时针自转的地球

29

氏度以下的南北极地区是很难见到龙卷风的。龙卷风经常会在美国、欧洲、日本和澳大利亚等地大发"龙威"。

紧急！中国也有龙卷风

中国也有龙卷风。如 1987 年 7 月 31 日 14 时 45 分，黑龙江省克山农场的龙卷风（资料来源：黑龙江省气象台调查报告）；1988 年 5 月 1 日下午，广东省潮阳县两英镇的龙卷风（资料来源：广东省气象局调查报告）；1989 年 5 月 10 日 21 时 05 分，上海市石洞口电厂的龙卷风（资料来源：上海市气象局调查报告）；1990 年 7 月 20 日上午，河南省淮滨、罗山、新县、固始县的龙卷风（资料来

长得好像龙啊！

源：河南省气候中心，1990 年气候影响评价）。从 1949 年起，有记载的龙卷风已有百十来起。

　　虽然这些龙卷风与在美国中西部平原地区的龙卷风都是由同一原理引起的，但是其破坏力却远不及美国的龙卷风。在古代，人们曾经对龙卷风有过相关记载。当然，当时的人们并没有把这一种旋风叫作龙卷风，但是他们却已经开始把"超强旋风"与"龙"联系了起来。

　　中国周边国家也有龙卷风发生。在朝鲜古籍《三国史记》当中，就有关于"龙"的 18 条记载。从这里，我们就能推算出，古代在朝鲜半岛也经常会有大大小小的龙卷风出现。从公元前 53 年开始，就有了关于"龙风"的记载，而到了公元 875 年，就有了更多关于长得像龙的风的记载。

　　最近陆龙卷通常会在大城市的周边地区形成。也就是说，城市的扩张和人口向大城市的聚集也会影响到龙卷风的形成。

龙卷风，不要跑！我是龙卷风追风人。

　　电影《龙卷风》讲述的是一位因为龙卷风而失去父亲的主人公的故事。当主人公长大后，开始着手研究和分析夺走父亲生命的龙卷风，而且还开发出能有效预警龙卷风的警报系统，从而拯救了很多人的生命。

　　而电影中那位主人公的职业就是，龙卷风追风人。龙卷风追风人在韩国还是比较新鲜的职业，但是在美国却是非常重要的。

竖直上下移动的空气团——气流

水平移动的空气团——风

云

在空气中现了身的
水蒸气

在《西游记》中有一个我们都很喜欢的人物，他就是孙悟空。而孙悟空能在天上驾着筋斗云行走。但是在现实生活中，我们真的能够坐在云彩上面吗？

我的天啊！

水蒸气惊人的变身——云彩

云彩是从哪里来的呢？云彩并不是突然出现在空中的，云彩是在空中慢慢形成的。空气团水平移动的时候，我们把这种现象叫作风；而空气团上下竖直移动的时候，我们则把这种现象叫作气流。云彩就是在这种有上升气流的地方形成的。

当太阳照射大地的时候，地面的温度就会升高，而受热的空气就会成为上升气流。但是等那些空气到高空后，就会遇到低温环境，从而陷入"危机"。

由于遇到周围的低温环境，空气中的水蒸气会变成一滴滴小水珠，而到了更寒冷地方的水蒸气则会变成小冰粒。我们把这样的过程叫作凝结。

凝结成的小水珠或小冰粒会以灰尘为凝结核越变越大。而这种过程如果反复地发生，并且越来越多的这种小颗粒聚集在一起的话，就会形成一朵一朵的云彩。也就是说，云彩是由水蒸气凝结成的小水珠组成的。

所以在现实生活中，人们是不可能像孙悟空那样坐在云彩上面的。

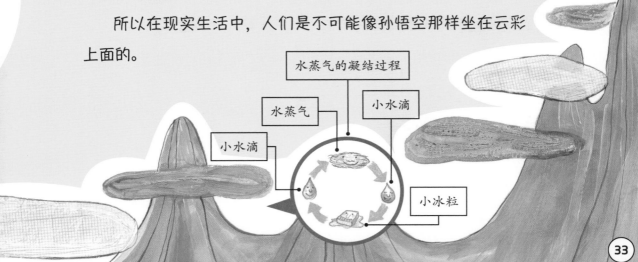

水蒸气的凝结过程

水蒸气

小水滴

小水滴

小冰粒

沿着山坡上升的空气

我先上去了！

水蒸气成为云彩的三种方法

如果想要变成云彩，那么空气首先要变成上升气流。而空气遇到下面三种情况时它们便能上升。

第一，低气压时。因为空气有从高气压区域向低气压区域移动的性质，所以原本是低气压的区域会聚集很多空气。但是这样一来，那里的密度就会变大，就没有多少空间可以容纳更多的空气了。那么有些空气就会从那拥挤的空间中挤出来，并在上升的过程中凝结成小水滴继而形成云彩。低气压时，天空有时会变得阴暗，就是因为形成了云彩的缘故。

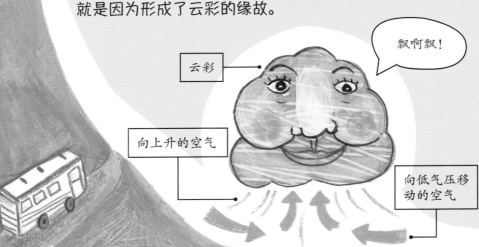

飘啊飘！

云彩

向上升的空气

向低气压移动的空气

第二，空气在沿着山坡向上升的时候。就像搭乘自动扶梯上楼一样，空气在向山坡移动时，自然而然地就能够上升到高空中。

第三，沉重的冷空气进入到热空气中时。这与冷水向下流动，而热水会浮到冷水的上面是一个道理。当冷空气进入到位于下方的热空气中时，被抢走了位置的热空气就会向上移动。

同样的，有时热空气也会进入到冷空气所在的区域，但是因为冷空气较沉，牢牢地占据了下面的位置，所以热空气就只好向上升了。

如果满足以上三个条件中的任意一个，水蒸气就能变成美丽的云彩。而我们所看见的美丽的云彩，就是由那些上升到天空中的水蒸气所形成的。

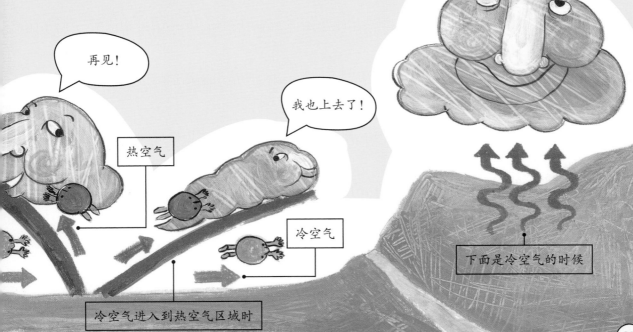

各种各样的云彩

仔细看看天空中的云彩，我们会发现它们都各不相同，没有哪两朵云彩是一模一样的。虽然人有双胞胎，但是云彩却没有双胞胎。这是为什么呢？

决定云彩形状的是，上升的空气在形成小水滴或小冰粒的时候经历了什么样的过程。

根据空气上升速度的不同和高度的不同，云彩会变成不同的形状。虽然云彩的模样各不相同，但是我们可以根据云彩所处的高度以及特征来把云彩分为 3 级 11 种。在我们查看这些云彩的名称之前，我们要记住一些字，那就是"积"、"层"、"卷"和"雨"。

"积"表示向上堆积起来，"层"表示向两边散开，"卷"表示卷在一起，"雨"表示蕴含着雨水。

而云彩的各种名称就是把这四个字混合后，在后面加上"云"而得来的。

这 3 级 11 种云有：一、低云，主要有积云（淡积云、碎积云和

积雨云

积云

层云

雨层云

13
11
10
8
5
3
1.6
0

浓积云）、积雨云（秃积雨云和鬃积雨云）、层积云（透光层积云、蔽光层积云、积云性层积云、堡状层积云和荚状层积云）、层云（层云和碎层云）、雨层云、碎雨云；二、中云，主要有高积云（透光高积云、蔽光高积云、积云性高积云、絮状高积云、堡状高积云）、高层云（透光高层云和蔽光高层云）；三、高云，主要有卷积云、卷云（毛卷云、密卷云、伪卷云和钩卷云）、卷层云（毛卷层云和匀卷层云）。

卷积云

小水滴

高积云

高层云

云彩是绝对不会掉下来的

如果天上的云彩掉下来的话，会怎么样呢？云彩不是由水蒸气组成的吗，这么说来云彩是不是很轻呢？虽然我们不能测量云彩的重量，但是我们却能够通过降雨量来估计云彩的重量。如果下了 1000 公斤的雨，那么云彩的重量也会有 1000 公斤。但是云彩如果有很多的话，那么就能下很多很多的雨。这样看来，云彩其实是很重的。那么重的云彩是怎样飘在空中的呢？那是因为云彩是由非常轻的小水珠组成的，所以它们才能随风飘在空中。

层积云

露珠

水蒸气汇聚而成的水滴

露珠

我好看吗？

没有森林，也没有草丛的沙漠里，仍然会有一些动物生活着。它们会互相捕食来填饱肚子。那么在不经常下雨，天气又炎热的沙漠地带，动物是如何补充水分的呢？解决这些动物饮水难题的就是那些小小的露珠。

救命啊！

呜，好热啊！

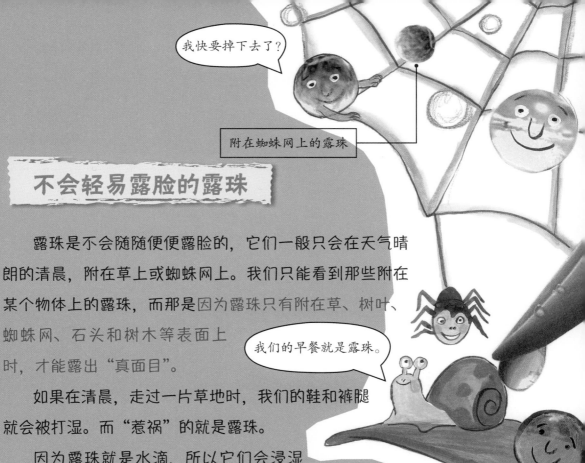

我快要掉下去了？

附在蜘蛛网上的露珠

不会轻易露脸的露珠

露珠是不会随随便便露脸的，它们一般只会在天气晴朗的清晨，附在草上或蜘蛛网上。我们只能看到那些附在某个物体上的露珠，而那是因为露珠只有附在草、树叶、蜘蛛网、石头和树木等表面上时，才能露出"真面目"。

我们的早餐就是露珠。

如果在清晨，走过一片草地时，我们的鞋和裤腿就会被打湿。而"惹祸"的就是露珠。

因为露珠就是水滴，所以它们会浸湿我们的衣服和鞋。可是那些露珠却好像没发生什么事情似的，美美地在草丛中休息。

露珠的秘密

露珠是一种小的水滴。但是那些露珠是如何成为小水滴的呢？为了回答这一问题，我们需要了解一下露珠的亲戚——湿度。

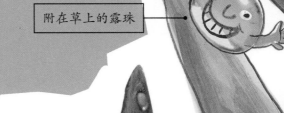

附在草上的露珠

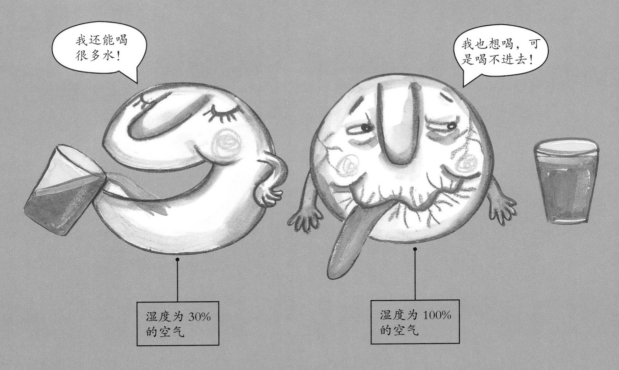

湿度为 30% 的空气

湿度为 100% 的空气

在我们周围的空气当中，有我们看不见的水蒸气。假设空气中水蒸气的量达到了最大值，这时值为 100。就像气球里面吹满空气时，如果再吹入一些空气，气球就会爆炸一样，如果空气中的水蒸气含量超过 100 的话，也是会"爆炸"的。而我们把这 100 的状态作为基准，把现在空气所含有的水蒸气的比率称为湿度。

如果说空气的湿度为 30%，表示的就是空气中还可以再容纳 70% 的水蒸气。简单来说，湿度高，就表示空气中有很多水蒸气。相反，湿度低，就表示空气中并没有太多水蒸气。所以湿度高时，我们的身体就会有潮湿的感觉，这是因为与我们身体所接触的水蒸气的量有很多。

那么在吹起来的气球和还没有被吹起来的气球中，我们能在哪个气球中放入更多的水呢？当然是那个已经吹起来的气球了。

如果向这两个气球里都加入一勺水的话，会怎么样呢？那个没有被吹起来的气球里面的水会溢出来。但是那个吹起来的气球里面，水只会停留在气球的底部，而其他地方则没有水。这个时候，我们就可以认为，没有被吹起来的气球里面湿度很高，而吹起来的气球里面的湿度很低。

　　但是根据温度的不同，空气中能容纳水蒸气的量也是不一样的。气温越高，空气中能容纳的水蒸气的量也就越多。但跟向气球吹气气球就会变大一样，温度越高，空气的体积也会变大。也就是说，温度高，湿度就会下降。所以在一天当中气温最高的午后2～3点的时候，湿度是最低的。

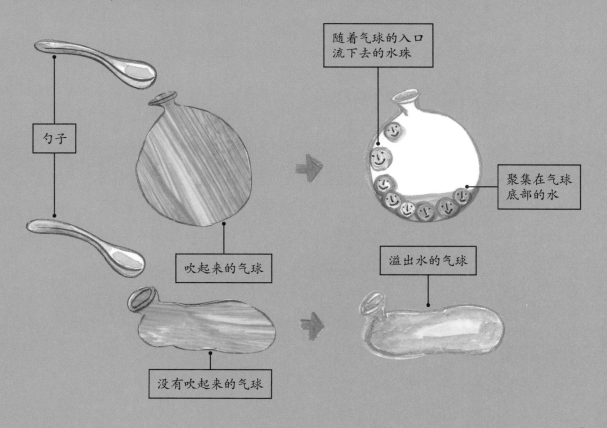

随着气球的入口流下去的水珠

勺子

聚集在气球底部的水

吹起来的气球

溢出水的气球

没有吹起来的气球

凌晨才会渐渐露出真身的露珠

聚在一起才能活命！

空气所能容纳的水蒸气的量，会随着温度的升高而变大。那么相反的，气温越低，空气所能容纳的水蒸气的量就会越少。根据这一原理，白天受到光照后变热的空气能够容纳很多的水蒸气，但是到了晚上，气温下降后，空气就不能容纳那么多的水蒸气了。

那么那些不能再被空气所容纳的水蒸气会到哪里去呢？温度下降的空气只会容纳自身能够容纳的水蒸气量（最大量的水蒸气），然后把剩余的水蒸气给扔掉。那些被扔掉的水蒸气会聚集在一起，然后在空气中析出来。当它们遇到树叶或草时就会迅速地附上去。

那些被抛弃的水蒸气会一个个地聚集在一起，所以不久那些看不见的水蒸气就变成我们能够看见的小水珠，，而那就是露珠。

聚在一起的水蒸气颗粒

哇，好湿润啊！

但是我们为什么只能在凌晨或者清晨才能看见露珠呢？

那是因为白天和夜晚存在气温差的缘故。白天的气温高，夜晚的气温低，而凌晨的时候，气温会最低，所以空气中所能容纳的水蒸气的量也会大大减少，从而被抛弃的水蒸气就会凝结成露珠。

现在你是不是已经知道了其中的原因了呢？是的，露珠之所以出现在早晨，就是因为白天和夜晚气温的差异，以及不同时刻容纳水蒸气量的不同所引起的。

凌晨时出现，太阳升起来就消失的露珠

凌晨或清晨时能够看见的露珠，太阳一出来就会消失得无影无踪。那么这些露珠到底是去了哪里呢？

其实，露珠并没有消失，而是蒸发到空气中了。当太阳升起来后，空气的温度就会上升，而露珠正是蒸发到了空气当中。

虽然我们的眼睛看不到，但是那些露珠却仍然以水蒸气的形式飘浮在空气中。

我喜欢吃露珠！

雾
近在咫尺的"云"

相传，后汉时期有一位名叫张楷的学者。他为了回绝那些拜访自己的人，施了法术，使得方圆五里都笼罩在浓雾之中，然后自己就悄悄地隐身其中。这就是成语"五里雾中"的出处。这个成语是比喻模糊恍惚、不明真相的境界。那么下面我们就来看一看这神秘的雾到底是什么吧！

小水珠汇聚而成的大水珠

凝结在草上的露珠

云的远亲——雾

雾的形成过程与露珠的形成过程很相似。大家一定都还记得，露珠是由白天在空气中悬浮着的水蒸气，随着气温的降低而以小水珠的形式在蜘蛛网或树叶等地方凝结成的。

而雾是这种小水珠飘浮在空气中时的一种气象现象。也就是说，空气中的水蒸气，变成我们所能看到的悬浮着的小水珠，这就是雾。

露珠主要是在凌晨的时候形成的，而雾也是在那个时候形成的，因为白天受到光照而升温的空气，在凌晨的时候温度最低。

露珠到了白天，就会消失。那么雾呢？雾到了白天会不会也消失呢？是的，太

白天，气温升高后，小水珠就会变成水蒸气而消失掉

悬浮在空气中的小水珠

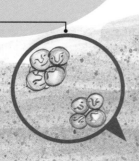

看不见前面的东西了！

阳一升起，雾不久就会渐渐散去。

就像凌晨时形成的露珠会在白天消失得无影无踪一样，雾也会在白天消失得无影无踪。太阳升起来后，气温就会升高，而空气中那些悬浮着的小水珠就会重新变成水蒸气消失在我们的眼前。

现在，也许有些小朋友已经知道了，雾和云在形成过程中具有相似点。对，雾和云有着很多的相似点。

当受热的空气向上升，遇到周围的低温环境时，空气中的水蒸气就会凝结成小水珠或小冰粒，而这些小水珠或小冰粒聚在一起时就会变成云彩。

雾也是由空气中的水蒸气因为气温差而凝结成小水珠的，所以它们的形成原理几乎是差不多的。唯一不同的就是，云彩是在高高的天空中形成的，但是雾却是在地表附近形成的。所以小水珠们无论是待在云彩里

明早会起雾，希望大家尽量不要晨练！

空气中的粉尘

污染物质

快过来！

污染的空气和水蒸气聚集在一起形成的酸性雾

水蒸气

不要啊！

面还是雾里面，它们的感受应该是差不多的。

你想摸一摸云彩吗？那么你就把手伸进雾里面吧。这样雾里的小水珠们会亲切地缠绕住你的手的。你说，摸云彩的感觉会不会也是这样呢？

起酸性雾时，要避免做运动

我们经常能在天气预报中听到这样的消息："明天早晨会起雾，所以建议市民尽量不要晨练。"雾与晨练，到底有什么关系呢？

春天和秋天的时候，经常会起雾。因为在春天和秋天，日温差（一日内，气温的变化幅度）会比较大，所以夜晚的温度会比白天的温度低很多。因为冷空气会比较重，所以会位于地表附近的下端；而上面的空气则会因为下面有冷空气，所以不能很好地与之进行循环，从而那些粉尘和污染物质会因为不能流动而聚集在我们的周围。

球境组织的研究结果表明，最近空气中不仅悬浮着挥发性有机酸、甲醛和农药类物质，还有重金属类和硝酸盐等颗粒，情况很不乐观。空气中的这些飘浮的颗粒会使得雾更加频繁地形成，因为这些污染物质会成为凝结核，使得水蒸气更容易附着在一起。大都市或工厂附近经常会起雾就是由于这个原因。

咱们去他的体内玩玩吧！

酸性雾中的污染物

47

有污染的空气所形成的雾，就是一种酸性雾。酸性雾比酸雨的污染度要高出 30 倍以上。当我们大量吸入这种雾气时，污染物会对我们的身体造成很大的危害。如果我们长时间停留在这种雾中，很有可能会患上呼吸道疾病。所以说，在起雾的早晨，最好还是不要晨练。

在大都市或者工厂附近起浓雾的时候，比起晨练，在白天或者傍晚做运动会对我们的健康更加有利。而老人和小孩最好还是不要在起雾的时候外出。

到晚上了。

雾，有时也是人们的好朋友

起雾的时候，会给人们的日常生活带来诸多不便。因为看不到远方，所以起雾的天气很容易发生交通事故。严重的时候，航班和船舶都不能正常运行。

但是雾并不是只有缺点。空气中有很多水蒸气时，会更容易起雾，所以在湖泊和江河畔，我们能经常看

现在是早晨。

在巨大的渔网上凝结成的小水珠

经过一个夜晚，在渔网上收集到的小水珠，足有 130 升的水。

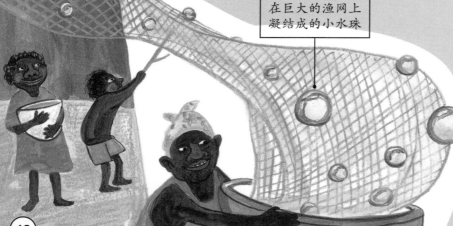

48

到雾。而起雾的时候，这些地方的风景就会变得更加美丽。

非洲卡拉哈里沙漠地区居住着很多科伊桑族人，他们生活的这片地区几乎一年也不会下几次雨，所以饮用水不足成了村民们的心头大患。

不过虽然那里不经常下雨，但是却会经常起雾，一年当中几乎有两个月的时间天天都会起雾。所以村民们就想出了一个从雾里获得饮用水的方法，而那个方法非常简单。

每到晚上，村民们就会在村子的四周用木头搭建几个木桩，然后在上面铺上密密麻麻的渔网。就像抓鱼一样，他们这样做是为了抓水珠。

第二天凌晨，小水珠就会布满渔网。而当地居民就用这些聚集起来的小水珠作为饮用水。而通过这种方式获取的水，一天足有 130 升以上。所以对那里的村民来说，雾的存在并不是一件恼人的事情，它反而是他们的好朋友。

雾与烟相遇的话，就会变成烟雾？

人们经常会把雾和烟雾混为一谈。因为烟雾也会影响人们的可视度，所以人们认为烟雾就是雾也是情有可原的。烟雾在英语中是 "smog"，是烟 "smoke" 和雾 "fog" 组合起来而形成的单词。烟雾是工厂排出的煤烟、汽车的尾气与雾混合在一起而形成的。

烟雾有时还会引起人们眼部和呼吸道的不适或疾病。18 世纪时，以工业革命而一举成为世界强国的英国，就因为严重的烟雾而深受其害。1952 年，因为烟雾污染，在伦敦死亡了 4000 多人。烟雾不仅会降低能见度，还会使人们患上各种疾病。

成为水滴后从云彩里掉下来的 小冰粒

春天，有时会有扬沙天气，甚至会有沙尘暴。满天的沙尘令人痛苦不已。如果某个地区长期干旱，灰尘与小沙粒就会随着风飘到全国各地。有些科学家曾提议，多进行人工降雨来防止沙尘天气。可是人工降雨，真的可能吗？

发射人工降雨弹的火箭！

位于 2000 米高空的云彩

位于 4000 米高空的云彩

位于 7000 米高空的云彩

掉下去的小冰粒

在云彩里发生凝结现象而生成的小水珠

小水珠成为小冰粒。

如果陆地表面的温度高就会变成雨。

如果陆地表面的温度低就会变成雪。

从云彩里面掉下来的小冰粒——雨

天空中的云彩并不会仅仅停留在一个地方，它们会随着风在空中飘荡。而在这一过程中，云彩的形状会越变越大，那是因为上升的水蒸气凝结成小水珠，然后不断地加入云彩的行列里的缘故。凝结是指气体变成液体的现象，也就是由水蒸气变为小水珠的现象。

温暖的空气比冷空气含有更多水蒸气，当空气到达 2000 米以上的高空时，就会因为温度下降出现凝结现象。原本以水蒸气形式存在的水会重新成为小水珠。

如果云彩上升到 4000 米的高空时，周围的温度会降到零下 7 摄氏度。这时候，那些小水珠就会变成一粒粒的小冰粒。但是这个时候，云彩还不能成为洒下雨水的云彩。如果云彩再升高 3000 米，也就是到了 7000 米的高空时，周围的温度就会降到零下 40 摄氏度。这个时候，那些小冰粒就会聚集在一起而变大。当那些小冰粒支撑不了自己的重量后，就会快速地落下来。这些小冰粒在落下来的时候，还会带上周围的水蒸气一起掉下来。当遇到地面附近温暖的空气后，这些小冰粒就会化成雨水降落到地上。

当然，那些云彩里面的小冰粒要想成为雨水的话，是需要一段时间的。一般来说，形成半径为一毫米的雨滴需要约三个小时，而形成半径为五毫米的雨滴则需要五天左右。

很快就会停下来的倾盆大雨——阵雨

在烈日炎炎的夏日，我们都会非常期待能下一场阵雨，阵雨一般会在很短的时间内结束。所以即使没有带雨伞，我们也可以放心，因为等到回家的时候，雨肯定是会停下来的。

像这样，夏天经常会突然下起降水量很多的阵雨。那是因为大地受到太阳的烘烤后，会产生很多热空气，从而使得云也异常地多。

在短时间内，受到阳光强烈的照射后，空气中会容纳很多很多的水蒸气。而这些空气会随着上升气流成为一朵朵的积云。当这些积云被不断上升的热气流抬到更高的地方时，它们就会变成更大的云——积雨云。而在积雨云内部就会发生由小水珠变成雨滴的过程。

因为积雨云一般只会在一小片地区形成，所以阵雨的降雨范围也不会太大。

积雨云一般都是很突然地形成而下起阵雨的，所以早晨时晴朗的天空，到了中午可能就会突然乌云密布而下起阵雨。

那么雨滴都有多大呢？根据雨的种类的不同，雨滴的大小也会各不相同。

一般毛毛细雨的雨滴直径在 0.1 ～ 0.5 毫米左右，而大的雨滴直径则会在 5 毫米左右。但是没有比这个还大的雨滴了，因为更大的雨滴在下落的过程中会分成几个较小的雨滴。

假定我们在一个高楼的楼顶上向下倒一盆水，刚开始，水一定会保持形状，但是不一会儿，水就会分散成小水滴而掉下来。因为受到空气的阻力，水到达一定速度后就会被分割成许多小水滴，所以下雨的时候我们不用担心会被大的雨滴打到。

降下阵雨的积雨云

人们能随时让天空中下起雨吗？

如果长时间不下雨而导致干旱的话，江河的河床就会露出来。如果水资源不足的话，不仅粮食作物会枯萎，而且人们的日常生活也会受到很大的影响。

天上的太阳那么大，下什么雨啊？

看来不一会儿就会有阵雨啊！

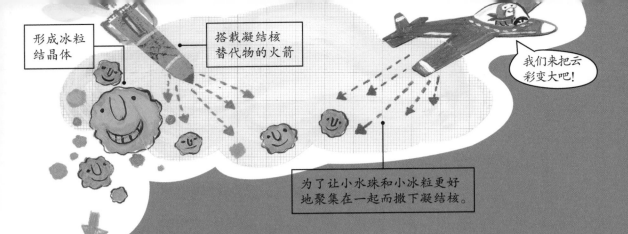

形成冰粒结晶体

搭载凝结核替代物的火箭

我们来把云彩变大吧!

为了让小水珠和小冰粒更好地聚集在一起而撒下凝结核。

变成小的雪花。

变成大的雪花。

到了地面上空后，雪花就会融化成人工雨。

所以在古代，如果遇到旱灾，人们会向上天求雨直到下雨为止。但是据说有时天上真的就会下起雨来，这到底是为什么呢？

求雨的时候，人们会在高山上摆一个祭坛，然后会在那个祭坛里燃烧很多东西。而燃烧东西形成的烟和烟灰会上升到天空中成为凝结核，所以才会形成云，从而下起雨来。虽然那些烟和烟尘起的作用很小，但是我们也不能完全忽视其作用。

从古代人民那里获得了这一重要线索后，现在的人们也开始自己造雨。当然，自制雨并不是一件容易的事情。为了能够让天空下起雨，我们首先需要有云彩。

但是并不是所有云彩都是会下雨的积雨云。云彩要够大、够多才可以。

可惜的是，现在我们人类还不能制造出云彩。

所以为了让小小的云彩变大，我们应该采取点措施。那就是向云彩里面播撒一些能够让小水珠和小冰粒更好地粘在一起的凝结核。

凝结核所起的作用是，让小水珠或小冰粒更好地粘在一起。在自然条件下，云彩所需要的凝结核是空气中飘浮着的浮尘或从海里蒸发出来的小盐粒。而人们一般把干冰或碘化银（可以吸潮的化学物质）当成凝结核的替代物质。人们会把这些物质通过火箭或者飞机运到空中，然后再撒在云彩中，这样一来原本很小的云彩就会变得很大。而这一过程就是人工降雨。

太阳雨是风的杰作？

雨是指云彩里的小水珠和小冰粒变大变重后向下落的现象，那么雨一定和云彩有着千丝万缕的关系。我们也可以说，没有云彩，就不会下雨。但是事实却不是如此。夏天我们有时就会发现，天空中明明没有云彩，却会下起毛毛细雨。这到底是为什么呢？

之所以会下太阳雨，都是因为风的关系。当云彩变成雨层云而即将下雨时，天空上方突然刮起强风，会怎么样呢？雨会乘着风而动，并且有时还会到达那些太阳高照的地方。而太阳雨就是那些乘着强风从远处飘来的雨，但是因为这些雨是乘着风而来的，所以降雨量并不会太多。

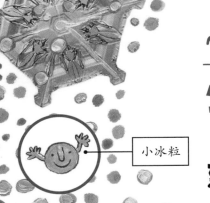

雪

气温很低时才会到来的"客人"

小冰粒

每到下雪天，小狗为什么总喜欢在雪地里蹦来蹦去呢？虽然小狗能够很好地分辨光的明暗，但是它们却不能很好地分辨出物体的颜色。小狗所看到的世界是一个只有黑白两种颜色的世界，突然间整个世界都变成白色了，你说小狗能不高兴吗？那么让小狗那么兴奋的雪是怎么来的呢？

雪的结晶体

没有融化而掉下来的小冰粒

气温为零下

人人都喜欢的"客人"——雪

为什么只有冬天才会下雪呢？原因很简单，如果要想下雪，气温必须要很低才可以。就像我们在前面所讲的那样，要想下雨，首先天上要有云彩。云彩中变大的小水珠和小冰粒因为承受不住自身的重量而会下落，在接近地表的时候，因为温度升高，原来的小冰粒就会化成雨水降落到地面上。

但是有些时候，小冰粒并不会完全融化就掉到地上。当地面的温度高于零上 7 摄氏度时，小冰粒就能够化成雨水，但是如果地面的温度低于 0 摄氏度时，就会直接以小冰粒的形式落下来。而那些从天空中飘落下来的小冰粒就是雪。我们也可以说，水蒸气以固体的形式掉下来的现象就是下雪。

小冰粒

那么如果雨滴在降落的时候，地面的温度突然下降的话会怎么样呢？或者小冰粒在降落的时候，地面的温度突然上升的话会怎么样呢？上述两种情况发生时，雨滴和雪会混合在一起落下来。我们把天空中同时下雪和下雨的现象叫作雨夹雪。因为雨夹雪刚接触地面就会融化掉，所以是不会像雪一样堆积起来的。

下雪时，不仅要有积雨云，而且气温也要低。但是在高山上，我们可以看见在秋天的时候也会下起雪来，那是因为山顶上气温低的

融化成雨滴

气温为零上

10℃

0℃

-10℃

缘故。快要到夏天了，山上的雪仍然没有化掉，也是这个原因。

根据气温和湿度而改变模样的雪

我也想变得
更加美丽。

白白的雪，形状是什么样子呢？我们用肉眼是很难看清雪的结晶体的。就像人们的指纹各不相同，雪花的形状也是千差万别的。有些雪花的模样就像是星星，而有些雪花的模样就像是一朵花。

决定雪花模样的是气温和湿度。

一般来说，云彩中的水蒸气在第一次变成小冰粒的时候，其形状是六角形的。这时，周围的水蒸气会沾在小冰粒上，形成雪花。这个时候，如果周围的气温和湿度都比较低，那么雪花的模样就会比较单一。相反，如果这个时候周围的气温和湿度都比较高（但不至于让雪花融化），那么雪花的模样就会像花一样非常美丽。就这样，在小冰粒形成雪花的过程中，根据当时的气温和湿度，雪花的模样就会发生各种变化。

就像雪花的模样各不相同，不同时期，雪花的大小也是不一样的。冬天，北方地区有时会下大雪，那时候雪花的形状很大，我们可以堆雪人也可以打雪仗。那种雪就是鹅毛大雪。

细雪

气温较高
空气潮湿
而模样美
丽的雪花

干燥且寒冷的天气

虽然一般下雪的时候，气温都会非常低。但是有些时候，气温就会处在一种我们觉得冷，但是雪花却会微微化开的温度。这个时候，下降的雪花就会因为化开而与周围的雪花融合在一起而变大。鹅毛大雪就是这样的雪，这种雪可以像棉被一样铺在大地上，这种雪我们也很容易捏成小雪球。

但是如果气温更低或气候更干燥的话，雪花就会以冰冻的状态下降。这种雪花在下降的时候是很难粘在一起的。我们把这种雪叫作细雪（或粉雪）。因为细雪很难粘在一起，所以我们很难用细雪来堆雪人。

一般来说，气温在零下 15 摄氏度左右时，会下鹅毛大雪，而气温在零下 30 摄氏度左右时，会下细雪。

有时，我们还会很难分辨天空中飘下来的是雪还是雨。这种既下雨又下雪的天气现象就叫作雨夹雪。这是雪花在下降的过程中遇到了温暖的空气，使得一些雪花融化成雨水，而另一些雪花则还是以雪的形式降落下来的现象。

加油!

团结就是力量!

鹅毛大雪

怎么样，我漂亮吗?

温暖且潮湿的天气

下鹅毛大雪时才能很好地堆雪人!

人们在遇到旱灾的时候，会进行人工降雨。像滑雪场等地，有时也会根据需要来制造人工雪。人工雪是用水蒸气和起凝结核作用的干冰制成的。这样，水蒸气就会以凝结核为中心聚集在一起，从而形成雪花。有时，人们也会把大的冰块磨成粉状后，撒下来当雪花用。

可怕的客人——暴雪和雪崩

每当下雪的时候，我们都会非常高兴。但是我们并不能只看到雪好的一面。虽然雪花很轻盈，但是当无数个雪花聚集在一起时，其重量是很重的。在堆雪人的时候，我们也许能够感觉到，一开始我们还能把雪球抬起来，但是一会儿过后，雪球就会像石头一样，难以推动。

雪球出发!

雪球

越滚越大的雪球

救命啊!

如果突然下了很多很多雪，会怎么样呢？气温高的时候，雪不久就会融化，但是如果气温不高，雪就会一直堆在那里。而这个时候，雪就会拥有很大的破坏力。

我们就来举一个简单的例子吧。假设我们的屋顶上堆积了一米高的雪，那么在一平方米的面积上就会有约300公斤的雪。如果屋顶的面积有100平方米，那么堆积在屋顶上的雪的重量会高达30吨。这个重量就相当于400名成年人坐在那个屋顶上了。所以，每当下暴雪的时候，各地时常会发生暖棚和屋顶塌陷的事件。

雪可怕的破坏力，在雪崩时就会更加凸显出来。雪崩是指，堆积在高处的雪，承受不住自身重量而向下滑落的现象。雪崩之所以可怕，是因为雪在向下滑落的时候，体积会变得很大，速度也会非常快，并会具有非常强大的破坏力。一般来说，从高山上滑下来的雪，到达山脚下时，时速会达到320公里。而雪崩时，如果雪花与雪花之间堆积得越紧密，破坏力也就会越大。

我的天啊！

瑞雪真的会兆丰年？

如果冬天下了很多雪，雪就会像被子一样盖住大地，所以能够防止大地冻得太厉害，那么地里的昆虫和微生物就能够安全地度过冬天，并在来年的时候做好自己的"工作"。而且，雪里氮元素的含量比雨水中的多五倍，而这种氮元素是农作物很好的天然肥料，所以如果冬天下很多雪，第二年粮食就很可能会大丰收。

智力大冲关

1. 之所以会起风，是因为 ████████ 的移动（或流动）。

我们可以填在 ████████ 中的正确词语是？

①大海　　②空气　　③云彩　　④温度

2. 下列对于空气进行说明的语句中错误的是？

①空气在四面八方压着我们。

②山上的气压比较低。

③我们把空气的压力叫作大气压。

④我们可以感受到空气的重量。

3. 我们把一定空间的 ████████ 和物质所固有的 ████████ 间的比率称

为 ████████。请在下列四组中找到顺序正确的答案。

①体积，质量，密度

②密度，体积，质量

③质量，体积，密度

④密度，质量，体积

4. 关于海风的描述中正确的是？

①海风是从陆地吹向海洋的。

②海风是从海洋吹向陆地的。

③海风是从山坡吹向山谷的。

④海风是从山谷吹向山坡的。

5. 关于龙卷风的描述中，错误的是？

①龙卷风分为陆龙卷和海龙卷。

②龙卷风是指，发生在美国中南部地区的强烈的旋风。

③龙卷风的特点在于，其螺旋状的旋转方式。

④中国是绝对不会发生龙卷风的。

6. 因为周围环境的温度差，空气中的水蒸气为了生存，它们会变成一滴滴小水珠，而到了更寒冷的地方的水蒸气则会变成小冰粒。我们把这样的过程叫作▨▨▨。下列正确的答案是？

①蒸发　　②液化　　③凝结　　④汽化

7. 为了更好地了解各种云的名称，我们需要记住这四个字，"积"、"层"、"卷"和"雨"。那么下列句子中解释错误的是？

①"积"表示向上堆积起来。

②"层"表示向下散开了。

③"卷"表示卷在一起。

④"雨"表示蕴含着雨水。

8. 雾经常会在气温日较差较大的▨▨▨和▨▨▨的时候发生。下列正确的词组是？

①春天，秋天　②夏天，冬天　③冬天，春天　④夏天，秋天

9. 下列关于雪的描述中错误的是？

①决定雪花形状的是气温和湿度。

②气温比较低，但感觉很温暖的时候，会下鹅毛大雪。

③我们可以用细雪来堆雪人。

④雪花和雨水一起下的现象叫作雨夹雪。

10. 人工雪是用水蒸气和起凝结核作用的▨▨▨制成的。下面正确的答案是？

①氮气　　②氧气　　③一氧化碳　　④干冰

变化无常
的天气

干燥的大陆性气团

气团与锋

引发**天气**变化的家伙

　　我们坐车的时候，经常会遇到这种情况。当汽车行驶在高速公路上时，刚刚还是阳光明媚，没过多久却下起了雨。还有，同在一座城市里，但是在同一时间里，有的地方在下雨，而有的地方却是晴天。天气为什么会这样变化多端呢？

冷锋

暖锋

气团的真实身份

引发天气变化的主谋就是气团。气团是空气的团体。气团的面积很大，而且水平方向的空气，其温度和湿度等状态都是相似的。这些相似的空气组成的气团一般会绵延上百或者上千公里。

气团的位置决定它的性质。就像同样的气团，它在陆地上和在海上的性质是不同的。

长时间停留在陆地上空的气团会怎样呢？陆地上的水蒸气量比海上的水蒸气量少，所以陆地上空的气团比较干燥。我们把这种气团叫作大陆性气团。与之相反，由于海上的水蒸气量比较多，所以湿度很大。我们把这种气团叫作海洋性气团。

如果气团停留的地方很温暖，那气团的温度也会升高。如果气团停留的地方很冷，那气团的温度就会降低。所以气团会根据地表温度的变化而变化。

气团的形成需要有一些必需的条件。首先，气团要停留在长时间没有天气变化的地方。

湿润的海洋性气团

气团不会是小的空气团。巨大的气团需要由许许多多的小气团组成，而且需要很长时间才能形成气团。气团不会长时间停留在气候特征比较明显的地方，例如，很冷、很热、很潮湿的地方，因为这样的气团很难找到相似的气团。

大海与陆地相交的海岸线地区就不满足这个条件。因为大海与陆地的比热容（重量为一克的某种物质，温度升高一摄氏度所需的热量）差异太大，会吹海陆风，风会阻碍气团的形成，所以在海岸线附近很难形成气团。

影响天气的气团

气团不会一直停留在一个地方。它会不停地移动，去新的地方。这时的气团会根据当地的情况发生改变。如果原来在陆地上的干燥气团到了海上，就会变成湿润的气团。当然，这种变化也是需要时间的。

就因为这样，地球的干湿才能得到均衡，温暖的地方会变冷，而寒冷的地方也会变暖。如果没有气团的话，寒冷的地方会更加寒冷，而干旱的地方会干旱得更严重。那样的话，人类将很难生存下去。

气团的名字如果根据气团的诞生地来命名，有西伯利亚气团、北太平洋气团、鄂霍次克海气团、赤道气团。

西伯利亚气团是冬季比较具有代表性的气团。由于形成这个气团的地方是寒冷干燥的北部大陆，所以这个气团也是寒冷干燥

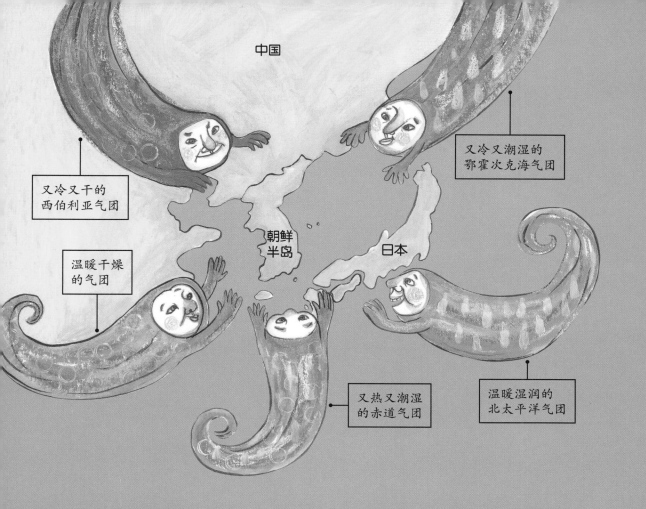

中国

又冷又潮湿的
鄂霍次克海气团

又冷又干的
西伯利亚气团

温暖干燥
的气团

朝鲜
半岛

日本

又热又潮湿
的赤道气团

温暖湿润的
北太平洋气团

的。中国北方的冬天又干又冷，那都是因为受到了西伯利亚气团的影响。

夏季，西伯利亚气团退至中国长城以北和西北地区；南方热带海洋气团会光临我国部分沿海地区，由于气团是温暖湿润的，所以那里的夏天会炎热、潮湿。春天和秋天，西伯利亚气团和南方热带海洋气团势力相当。

在赤道地区形成的赤道气团，有着温度高、湿度大的特点。夏天的时候，这个气团会随着台风北上，给一些地区带来大雨。

气团之间永不停息的战争——锋

如果气团与气团相撞会发生什么呢？性质相同的气团相遇，会形成更大的气团。但是性质不同的两个气团相遇，会发生什么呢？例如，一个冷气团和一个暖气团相遇的话，会怎样呢？大家都知道，密度较高的凉水会沉在密度较低的热水下。其实气团也是同样的道理。密度较大的冷气团会向下走，而密度较小的暖气团会向上移动。

这时，两个气团就会有一个相交的面，我们把这个冷气团和暖气团相交后形成的面，叫作锋面。把锋面与地面的交线称为锋线。

锋会根据冷气团和暖气团的变化发生改变。如果是沉重的冷气团向下移动，将暖气团赶走的话，就会形成一个冷锋面，与地面相交的部分就会形成冷锋。冷锋是冷空气将暖空气向上推，所以空气上升运动非常活跃。所以锋

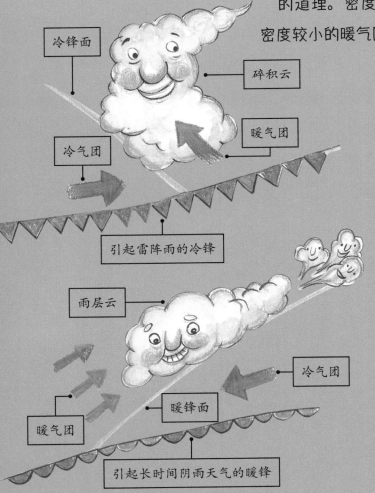

冷锋面

碎积云

暖气团

冷气团

引起雷阵雨的冷锋

雨层云

冷气团

暖锋面

暖气团

引起长时间阴雨天气的暖锋

面的坡度很大，部分地区会堆积很多碎积云，然后下雷阵雨。

　　相反，如果暖气团推着冷气团移动，会怎样呢？重量较轻的暖气团无法战胜沉重的冷气团，所以只能慢慢地上升。这时，就会形成暖锋面，与地面相交的锋面是暖锋。暖锋会形成向外扩散的雨层云。这种云下的雨，时间就比较长。

形成雨季的原因是两个气团在比谁更有力气？

　　如果两个气团的实力差不多，谁也不肯让步的话，会发生什么情况呢？夏天会下很长时间的雨，那是因为两个气团在比谁更有力气呢。例如，影响韩国夏天的两个气团分别是北部的鄂霍次克海气团和南部的北太平洋气团。鄂霍次克海气团是低温湿润的气团，而北太平洋气团是高温湿润的气团。湿度大、温度不同的两个气团，一个从北向南移动，另一个从南向北移动。两个气团就这样相遇了。由于两个气团的实力相当，所以会相持在一个地方，而且会持续很长一段时间。这时就会形成雨季前锋，所以会一直下雨。慢慢地，北太平洋气团的力量会变大，鄂霍次克海气团就会被向北推，雨季前锋也会跟着向北移动，雨季也就结束了。

打雷与闪电
闪电和空气
热量在造反

　　"轰隆隆！"一道强光从天空中劈下来，声音震耳欲聋，好像要把房子震塌。天上到底发生什么事情了？

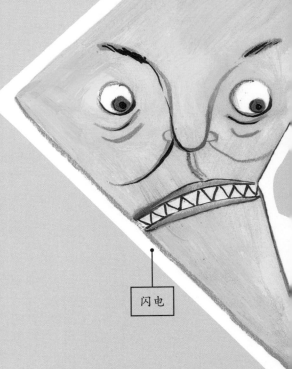

闪电

我要用大钟赶走雷击！

浑身带电的闪电

古时候，人们会把打雷和闪电理解成什么呢？瞬间发出的强光会将枯木烧成灰烬，震天动地的雷声会让人们害怕。有人说，雷声是天上的神仙在打架；还有人说，是神在惩罚犯错的人。人们试着用很多方法去化解这个可恨的现象。

有人说，很大的钟声会赶走雷声，所以就开始制造大钟。还有人拿着十字架和蜡烛驱赶闪电和雷声。还有人说，云彩里有魔鬼，所以人们就用箭去射云彩。当然，这些举动都是在人们还没有了解打雷与闪电的时候做的。如果他们知道闪电与乌云是一起出现的话，就不会做这些可笑的事情了。

暖空气上升就会形成云。如果空气继续升温的话，云的体积就会越来越大，还会越升越高。到达一定高度的时候，气温会下降。这时的云里就会产生数十亿个小水珠和小冰粒。这些小水珠和小冰粒就会在云朵里自由穿行。这些小颗粒都带电，我们把它叫作电荷。电荷可以分为正电荷和负电荷。

所有的小水珠和小冰粒都带着正负电荷，穿行在云朵里。但是它们的运动是有规律的，带有

云中的魔鬼，接招吧！

闪电啊，快点离开吧！

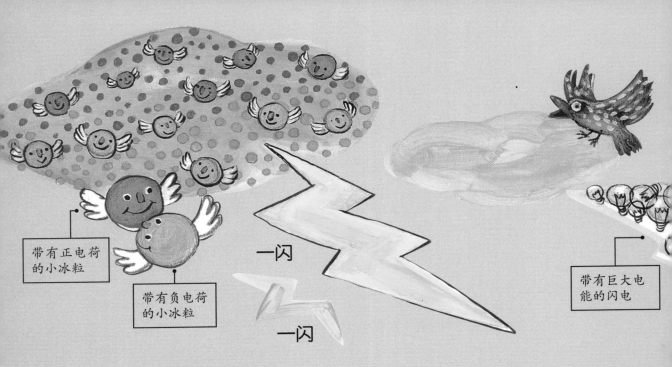

带有正电荷的小冰粒

带有负电荷的小冰粒

一闪

一闪

带有巨大电能的闪电

正电荷的颗粒喜欢在云彩的上部移动，而带有负电荷的颗粒喜欢在底部移动。这么多的颗粒上下移动，会发生什么呢？来回移动的时候，会发生碰撞。

我们需要留意的是，带有正负电荷的小冰粒相互碰撞会产生摩擦电。当云中的电越来越多的时候，电流就会随着空气中的粒子流动，然后变成闪电。这时，闪电瞬间发出的电力相当于 7000 个 100 瓦特的灯泡工作 8 小时。真是太令人惊讶了！但是闪电是一瞬间的事情，而且方向也不容易预测到，所以现代科技还无法收集和运用闪电的电能，真是太可惜了！

跟随闪电的雷声

闪电之后，我们会听到轰隆隆的雷鸣声。闪电和打雷就好像是一对好兄弟，总是会一起出现。那么，为什么会打雷呢？打雷的秘密就在于闪电的原理中。

闪电的时候，云里的空气会在瞬间产生巨大的热量。闪电会有巨大的电能，当然也会有巨大的热能。灯泡点亮之后，它还会变热呢。闪电可以使7000个100瓦特的灯泡工作8小时，那闪电发出的热能也是不可小视的。普通的闪电会使空气的温度瞬间升至1万～3万摄氏度。巨大的热量会使空气急速膨胀。原本宽松的云层被膨胀的空气粒子挤得满满的，云层里的空气会受到巨大的压力。膨胀到一定程度的时候，云层再也无法装下这些空气粒子，云中的空气就会爆炸，就会有打雷的声音了。

为什么打雷会发生在闪电之后呢？那是因为光和声音的传播速度不同。光的速度为30万千米/秒，而声音的速度只有340米/秒，所以我们看到闪电之后，才会听到打雷的声音。

如果闪电后，立刻就听到了雷声，那是因为发生闪电的地方离你很近。相反，闪电之后，过了很久才听到雷声，那是因为发生闪电的地方离你很远，所以也比较安全。

雷击，你离我远一点！

云里的电荷撞击产生了闪电，90%以上的闪电发生在云里，但是云层和地面之间也会发生这种现象。我们把这种现象叫作雷击。也就是说，发生在云和地面之间的闪电，叫作雷击。

雷击的时候，不会是一条直线，而是会形成一个锯齿状，打在地上。雷击会根据当时的温度、湿度等气象条件，选择一条最快的路线。就像安装了一个高性能的导航系统，让电流以最快的速度流到地面上。

在地球上，没有东西能抵挡住闪电具有的高电压和高温。如果想离雷击远一点，就必须离导电性质好的物体远一点。我们把容易导电的物质叫作导体。金属和水最容易导电，相反，像石头和木头就不容易导电。我们把不容易导电的物质叫作绝缘体。所以打雷的时候，不要把钥匙、手机、手表等物体放在身上，最好把电脑和电视机的电源给拔掉。

雷击

避雷针

容易导电的金属线

避雷针，阻挡雷击！

美国的本杰明·富兰克林（1706—1790）冒着生命危险，研究出了防止雷击的避雷针。避雷针的顶部使用尖尖的金属棒制成，这一装置利用了金属容易导电的性质，将电流集中到避雷针上。在高楼、工厂的烟囱和高塔上安装避雷针的话，可以避免被雷击，在建筑物的顶部安装上避雷针，然后连接容易导电的金属导线，埋在地面上。这样的话，雷击时的电流会随着避雷针直接导到地下，不会伤人，也不会给建筑物造成破坏。避雷针发明之后，几乎就没有建筑物被雷击的事故了。

四季

春、夏、秋、冬，
然后还是 春

　　翻开世界地图，你会发现四季明显的国家一般都是发达国家，而赤道附近的国家一般都是贫穷落后的国家，而且这些地区一年四季都很炎热。为什么会这样呢？原因是，四季分明的国家可以根据四季的变化发展多种多样的产业，而赤道附近的国家，由于气温太高，给人们的工作带来了不便。所以，四季也会给人们的生活带来很大的影响。

西

太阳

由西向东自转的地球

地球

不停转动的地球——自转与公转

北

地轴的倾斜角为 23.5 度。

东

不停地旋转

南

四季的变化是由很多种因素共同作用而成的。地球的自转与公转、吸收到的太阳能、太阳照射的时间等因素都会影响四季的变化。地球以地轴（地球的转动轴，连接北极和南极的轴）为中心，倾斜 23.5 度，以时速 1670 千米，由西向东旋转，转一圈是一天。我们把这个过程叫作地球的自转。白天和黑夜的更替，就是因为地球自转形成的。

地球在自转的同时，还会以太阳为中心，在约为 9.6 亿千米的椭圆轨道上旋转，转一圈是一年。我们把这个过程叫作地球的公转。所以地球每天自转一圈，一年公转一圈。

四季的变化跟地轴倾斜 23.5 度有很大的关系。地球倾斜一定的角度，围着太阳公转的话，地球上每个地区接收到的热能和气温就会产生变化，所以就形成了四季。

太阳直射时，释放的热量最多。例如，用手电筒照射一个地方的时候，直射时照射面积最小，也最亮。如果将手电筒倾斜的话，照射的面积就会扩大，亮度也会变弱。也就是说，从手电筒里出来的光的量是一定的话，照射的面积越大，亮度就会越低。

冬天的时候，太阳的高度会下降，太阳光就会斜着从大气中穿过。这时，相同的阳光需要照耀的面积变大了，所以同等面积所吸收到的热量变少了，气温也会跟着下降。

四季的秘密

太阳照射时间的长短决定了四季的变化。夏天的时候，太阳升起得早，落下得晚。但是冬天的时候，太阳升起得晚，落下得早。也就是说，在夏天，太阳照射的时间长，而冬天太阳照射的时间短。太阳照射时间的反复变化，带来了四季的变化。

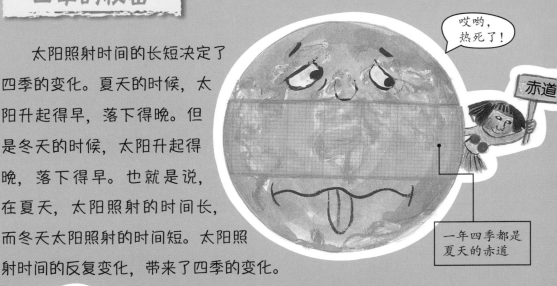

哎哟，热死了！

赤道

一年四季都是夏天的赤道

赤道地区一年四季都很热，都是夏天。赤道位于北半球和南半球的中间，太阳的高度也没有太大的变化，所以一年四季照射的热量是一样的。所以赤道没有夏天和冬天之分。

但是北极和南极就不同了。地球是倾斜的，而且还是一个球状体。在北极和南极地区，太阳大半年都会在地平线以下，剩下的半年会在地平线以上。虽然有短暂的夏天和漫长的冬天，但是几乎没有春天和秋天。

幸运的是，中国位于北半球的中部，四

北极

哎哟，好冷啊！

南极

北半球

韩国位于北半球的中部，所以四季分明

季很分明。四季分明的国家还有韩国、日本、美国、德国、波兰等。

告诉我们四季变换的动植物

气象局的工作是观测、统计和分析四季的变化和地域性气候变化的差异，通过这些数据去预测未来的天气。我们把这种活动，叫作季节观测。具有代表性的就是生物季节观测。

生物季节观测是指观察代表各个季节的生物，获取季节变化的信息。生物季节观测分为植物季节观测和动物季节观测。气象局会指定一些植物和动物的种类进行观测。

大波斯菊

枫树

银杏树

洋槐树

利用代表四季的植物，获取信息。

植物季节观测

在植物季节观测中，所用到的植物有樱花、梅花、迎春花、金达莱花、洋槐树、桃树、梨树、大波斯菊、银杏树、枫树等。气象局会观察这些植物何时发芽、何时开花。

例如，记录樱花每年开花的时间，预测今年春天开始的时间，然后告诉大家。还可以观察樱花开放的时期，来预测未来的气象变化。

还可以观察银杏树和枫树，观察它们的叶子何时开始变色，何时会达到高峰期。因为它们的叶子变色就代表秋天到来了，高峰期就代表到了深秋。我有一个疑问。我们应该观察哪里的植物呢？道边的迎春花，还是别人家里的枫树？要不就是我们可以看到的所有植物？当然不是。如果在任何场所观测的话，那样的信息还会可靠吗？所以要观察那些在观测站里的植物。

在动物季节观测中，所用到的动物有燕子、云雀、布谷鸟、蛇、青蛙、白粉蝶、白尾灰蜻、鸣蝉等。燕子会告诉我们春天来了，鸣蝉会告诉我们夏天到了。观察燕子和鸣蝉出现的时间，预测季节开始的时间。观测动物与观测植物一样，要在观测站或者观测站指定的地方观察动物。但是动物与植物不同，动物会动，还会有一些突发状况，所以也会去动物常常出没的地方进行观测。

燕子

鸣蝉

蜻蜓

蛇

白粉蝶

动物季节
观测

根据动物的习
性预测季节。

青蛙

进行季节观测的时候，会出现一些不寻常的事情，例如，樱花开在很冷的时候，或者云雀在秋天叫唤。我们把这种与平年（过去30年间，气候的平均状态）完全不同的气候显现，叫作异常现象。这时，需要照相，进行仔细记录，以便之后寻找原因。我们可以利用这些动植物的观测资料来分析最近常常发生的异常现象，例如，温度异常低或者异常高。这些资料都会成为说明异常现象的基础资料。

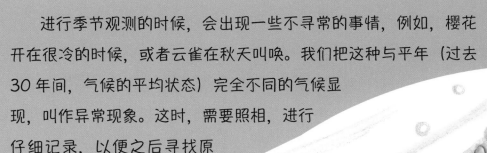

在冬天，女人比男人更抗冻？

　　每个人感受到的寒冷程度是不同的。也就是说，同样面对 10 摄氏度的气温，根据身体脂肪的厚度，人们感觉到的温度是不同的。在湿度适宜的情况下，老人感觉舒适的温度是 20 摄氏度，男人是 18 摄氏度，女人是 16 摄氏度，小孩子要比女人更低。这样的话，女人的舒适温度比男人的低 2 摄氏度，所以女人比男人抗冻。也就是说，在零下 8 摄氏度的时候，男人感觉到的温度与女人在零下 10 摄氏度时感觉到的温度差不多。所以人们常说，女人比男人更抗冻。从身体结构上看，女人的脂肪层要比男人厚，相当于比男人多穿了一件衣服，所以女人抗冻。脂肪层厚的话，热传递速度就会较慢，体内的热能就不容易流失，而且外部的温度也不容易进入体内，所以相对来说，女人比男人更抗冻。

二十四节气

如果将**太阳**在一年里走过的路 24 等分的话

农民种庄稼的时候，都会参考天气预报。古时候没有天气预报，那古代的农夫是以什么为基准，去播种和秋收的呢？不要担心，他们有一份详细的年计划表，那就是二十四节气。

秋分

寒露

霜降

立冬

小雪

大雪

冬至

小寒

大寒

立春

雨水

惊蛰

春

冬

秋

黑夜开始变长

空气已结露水，渐有寒意

开始下霜

天气开始变冷

开始结冰

经常会下雪

一年中，黑夜最长的时候

越来越冷

最冷的时期

春天开始

下春雨，草木发芽

青蛙从冬眠中醒来

白天开始又变长

阳历日期

带阴历的日历

阴历日期

8
2.12

84

告诉人们季节变化的二十四节气是如何诞生的呢？

处暑

立秋

秋天开始

大暑

最热的时候

小暑

开始慢慢变热

夏

一年中，白天最长的日子

夏至

下种开始

芒种

开始插秧

夏天开始

小满

雨水增多

立夏

谷雨

清明

如果我们想知道今天是几月几日星期几的话，会去翻看日历。日历会告诉我们日期和星期，还会告诉我们纪念日和休息日。我们看日历，最重要的一个理由就是看季节的变化。我们的祖先是靠着农耕生活的，所以季节的变化对他们极其重要，因为他们要为播种和秋收找准日子。季节的变化给农耕生活带来很大的影响，而季节的变化是由太阳的运动决定的。

翻开日历，我们会发现大的数字下面，会有小的数字。大数字代表阳历，而小数字则代表阴历。

阴历是根据月亮的运动规律制定的，是把一个月圆之日到下一个月圆之日所需的时间作为一个月。所以阴历是月亮的变化，不能代表太阳的运动变化。但是季节的变化是由太阳的运动决定的，所以阴历的日期在很多时候，都与季节的变化不符。为了弥补这样的不足，人们就制定了二十四节气，来表示太阳的运动变化。

古时候，人们还不知道地球是公转的，古人以为太阳是以地球为中心，一年转一圈。他们还把太阳围着地球旋转的轨道叫作黄道。

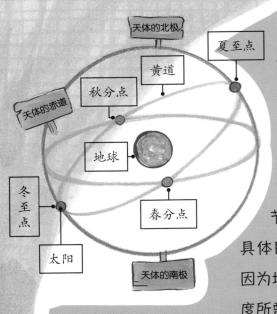

天体的北极

夏至点

黄道

秋分点

天体的赤道

地球

冬至点

春分点

太阳

天体的南极

二十四节气就是把这个黄道 24 等分后划分出来的。太阳围着黄道转一圈是 360 度，24 等分后，每个区间就是 15 度。

二十四节气是根据农耕社会的实际情况创造出来的，由于是根据太阳的运动变化制定的，所以与现代的阳历非常吻合。

节气之间大部分是相隔 15 天左右，根据具体的情况，可能是 14 天或者 16 天。这是因为地球公转的轨道是椭圆形的，所以每转 15 度所需要的时间会不同。

按季节划分的二十四节气

春季的节气包括立春（阳历 2 月 14 日左右，春天开始）、雨水（阳历 2 月 19 日左右，冰雪融化，草木发出嫩芽）、惊蛰（阳历 3 月 6 日左右，青蛙苏醒的日子）、春分（阳历 3 月 21 日左右，白天与黑夜的长度相同，白天的长度开始比黑夜长）、清明（阳历 4 月 5 日左右，为春耕做准备的时期）、谷雨（阳历 4 月 20 日左右，春雨滋润庄稼的时期）。春天的节气告诉人们春天来了，有着富饶、万物复苏的含义。立春是二十四节气中的第一个节气，代表着春天的开始。古时候，到了立春，人们就会在家门和门柱上贴上"立春大吉"等字样，为新的一年祈福。

3 月 6 日惊蛰，青蛙苏醒的日子

春天到了！

夏季的节气包括立夏（阳历 5 月 6 日左右，夏天开始）、小满（阳历 5 月 21 日左右，开始插秧）、芒种（阳历 6 月 6 日左右，夏种开始）、夏至（阳历 6 月 22 日左右，白昼最长的一天）、小暑（阳历 7 月 7 日左右，开始炎热）、大暑（阳历 7 月 23 日左右，最热的时期）。夏季是一年之中日照时间最长的季节，所以耕作也比较繁忙。大暑的时候，人们会吃一些香瓜和西瓜解暑。

秋季的节气包括立秋（阳历 8 月 8 日左右，秋天开始）、处暑（阳历 8 月 23 日左右，酷暑慢慢过去）、白露（阳历 9 月 8 日左右，开始有露水）、秋分（阳历 9 月 23 日左右，白昼与黑夜的长度相同，黑夜开始比白昼长）、寒露（阳历 10 月 9 日左右，空气已结露水，渐有寒意）、霜降（阳历 10 月 24 日左右，开始下霜）。

立春告诉人们春天到了

立春了！立春了！

立春大吉

春天的青菜

吃拌青菜

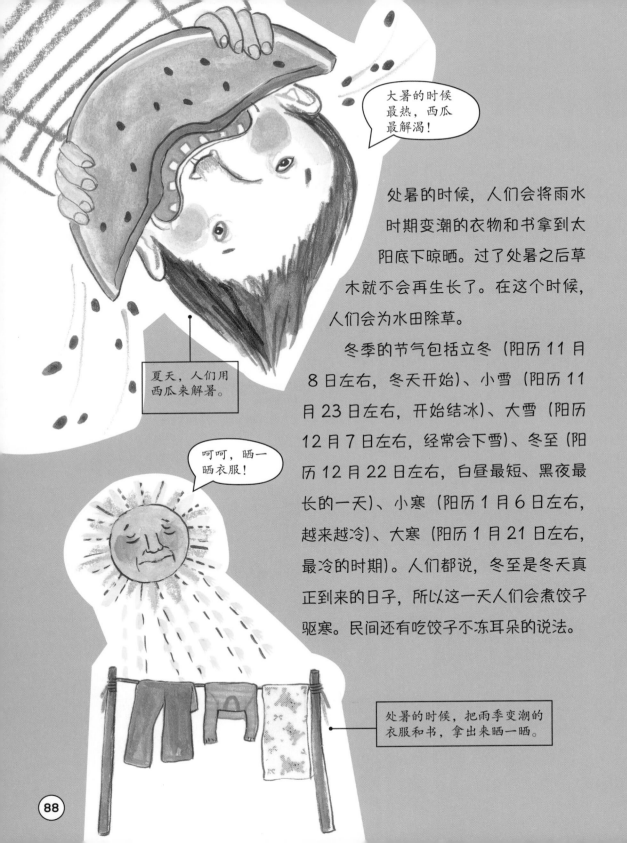

大暑的时候最热，西瓜最解渴！

夏天，人们用西瓜来解暑。

呵呵，晒一晒衣服！

处暑的时候，把雨季变潮的衣服和书，拿出来晒一晒。

处暑的时候，人们会将雨水时期变潮的衣物和书拿到太阳底下晾晒。过了处暑之后草木就不会再生长了。在这个时候，人们会为水田除草。

冬季的节气包括立冬（阳历11月8日左右，冬天开始）、小雪（阳历11月23日左右，开始结冰）、大雪（阳历12月7日左右，经常会下雪）、冬至（阳历12月22日左右，白昼最短、黑夜最长的一天）、小寒（阳历1月6日左右，越来越冷）、大寒（阳历1月21日左右，最冷的时期）。人们都说，冬至是冬天真正到来的日子，所以这一天人们会煮饺子驱寒。民间还有吃饺子不冻耳朵的说法。

有关节气的谚语故事

我们的生活与季节分不开，所以节气也会影响着我们的生活。从很久以前开始，就有许多关于节气的故事。其中，有一些谚语流传至今。有这样一句谚语："谷雨不下雨，水田变旱地。"谷雨在二十四节气中，是春季的第六个节气。这时，农民开始播种。如果不下雨的话，种子就无法发芽，就无法丰收。所以这句谚语的意思就是，如果播种时节不下雨，农民这一年就没有好收成了。

夏至是夏季的节气，有一句谚语就是关于夏至的："夏至棉田草，胜似毒蛇咬。"因为此时农作物生长旺盛，杂草病虫滋长蔓延，农民们要加强田间管理，否则收成大减。

还有一句非常有趣的谚语："喝了寒露水，蚊子蹬了腿。"寒露是秋季的节气，代表天气开始变得非常冷了。这句谚语的意思就是天气变冷了，蚊子也要被冻死了。

冬至的时候，韩国人要吃红豆粥。

红豆粥

小寒和大寒，哪一个更冷呢？

二十四节气是以秦汉时期黄河流域的气候为基准制定的，所以不会符合全国各地的实际情况。对于其他国家，也不完全符合。韩国有一句谚语："大寒到小寒，家被冻死了。"这都是因为中国和韩国的气候不同造成的。按照中国的气候，冬天是从立冬开始的，到小寒的时候，会越来越冷，等到了大寒，就是一年中最冷的时候了。但是在韩国，最冷的时候是 1 月 15 日左右，这时是小寒左右。所以在韩国，小寒比大寒更冷。

彩虹

在水珠的帮助下，光折射出来的颜色

彩虹是太阳光被空气中的水珠折射后出现的现象。在城市中，我们很难见到彩虹。原因是空气污染，这是事实吗？

光被水珠折射后，出现了彩虹

　　彩虹是太阳光被空气中的水蒸气反射或折射后，形成的半圆形的七条光线。彩虹通常出现在雨后。人们会觉得彩虹很神奇，是因为它有非常漂亮的七道光。更令人感到吃惊的是，这么漂亮的彩虹居然是无色透明的太阳光折射出来的。

　　如果太阳光真的没有颜色的话，那它被水珠反射之后，也应该没有颜色。彩虹之所以会有五彩斑斓的颜色，那是因为太阳光是由各种颜色的光组成的。我们可以用三棱镜（为了让光分散或者折射，用玻璃或者水晶制作出来的装置）来证明这一点。

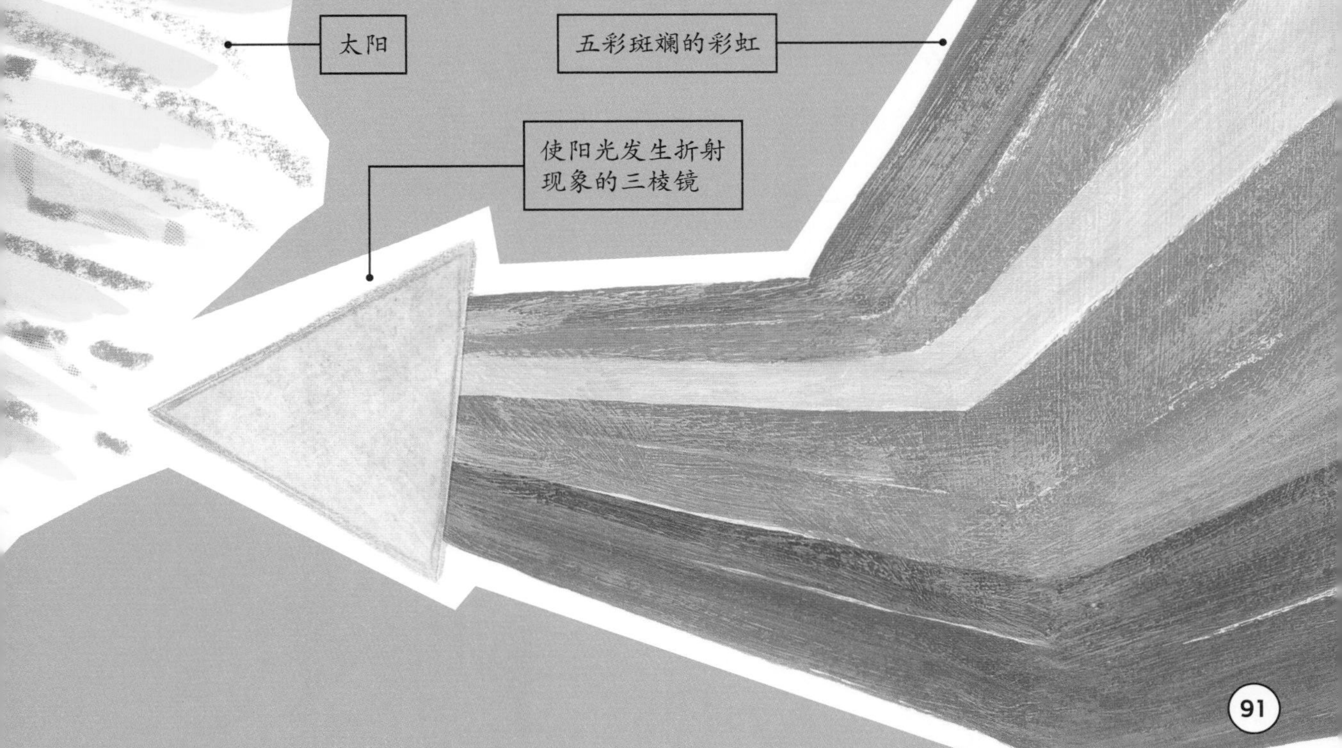

太阳

五彩斑斓的彩虹

使阳光发生折射现象的三棱镜

彩虹

干净的
水珠

脏兮兮
的水珠

空气污染
少的地区

空气污染严重
的城市

　　当看起来没有任何颜色的阳光穿过三棱镜时，你会发现它有很多种颜色。光穿过三棱镜的时候，会产生折射现象（光被弯曲的现象）。光的速度非常快，一秒钟能绕地球七圈半。但是光穿过三棱镜的时候，速度会减慢，所以就产生了折射现象。

　　折射后，我们能看到很多颜色，那是因为每种颜色的速度和曲折程度不同。其中，紫色的速度最慢，越靠近红色，速度越快。紫色的曲折程度也是最大的，而曲折程度最小的就是红色了。

　　出现彩虹的原理跟三棱镜折射阳光的原理是一样的。阳光穿过空中的水珠，就会被折射，形成各种颜色的光。如果各种颜色的光速相同，那我们就无法看到美丽的彩虹了。

　　但是空气被污染的话，空气里的水珠中就会有一些污染物质。这时候，阳光就很难穿过它了。所以在空气污染严重的城市里，我们见到彩虹的机会就会减少。

赤、橙、黄、绿、青、蓝、紫——七色彩虹

如果问你："彩虹都有什么颜色啊？"你一定会说："赤、橙、黄、绿、青、蓝、紫。"可能所有的人都会不假思索地说出彩虹有七种颜色。但是美国人却说彩虹只有六种颜色，没有蓝色。而玛雅人说彩虹只有五种颜色：黑、白、红、黄、青。古时候，在非洲有一个民族，他们说彩虹只有两三种颜色。

同在一个地球上，为什么大家看到的彩虹会不同呢？

1635 年，笛卡尔做了一个实验，证明彩虹是通过空气中的水珠形成的。他把玻璃瓶装满水，然后让阳光穿过玻璃瓶，真的出现了彩虹。但是那时还不知道为什么会有那么多颜色。到了 1666 年，牛顿用三棱镜做实验，给出了答案。人们开始知道阳光是各种颜色的光的混合物，由于穿

彩虹有六种颜色。

美国印第安人

玛雅人

非洲人

是五种。

什么呀，彩虹有三种颜色。

清晨，在西边的天空中能看到彩虹

傍晚，在东边的天空中能看到彩虹

过三棱镜时，曲折的程度不同，才会看到颜色不同的光。牛顿还说，彩虹的颜色是赤、橙、黄、绿、青、蓝、紫。后来，它被作为一种常识流传到各个地方。

用三棱镜分离光的话，可以分离出134～207种颜色。那牛顿为什么偏偏说是七种呢？我们无法知道牛顿的想法。但是有人预测说：古时候，人们认为数字"7"是神圣的数字，所以牛顿可能受到这一思想的影响。

看彩虹，可以预测天气

有一句谚语："东虹轰隆西虹雨。"古人看彩虹预测天气，可见古人是非常聪明的。那为什么东边有彩虹的话只会打雷，而西边有彩虹时就会下雨？

彩虹是由雨珠和小水珠反射形成的，所以我们站在太阳和彩虹之间时，才会看到彩虹。换句话说，我们只有背对着太阳，才能看到彩虹。当清晨，太阳从东边升起的时候，我们常常会在西边的天空看到彩虹。相反，傍晚的时候，太阳会落到西边，所以在东边的天空才能看到彩虹。所以彩虹在西边时一般是早晨，彩虹在东边时一般是傍晚。

清晨，你在西边的天空发现彩虹的话，就证明西边的天空中有水蒸气或者雨珠，所以光被雨珠反射形成了彩虹。

在这里，大家要知道这样一个事实。中国上空的气流一般是自西向东移动。如果早晨的时候，西边天空上挂着彩虹的话，雨水会慢慢地向东移动，过一会儿，可能就会下雨。

相反，如果傍晚时，东边的天空中有彩虹，就证明东边天空中的雨珠多。晚上看到彩虹，说明雨已经过去了，所以天最终会放晴。

彩虹不是半圆形，而是圆形？

在美术课上，我们画的彩虹一般都是半圆形的，因为我们看到的彩虹就是半圆形的。事实上，彩虹不是半圆形的。我们都知道水珠是圆形的，那被水珠折射形成的彩虹也应该是圆形的。我们看到的彩虹之所以是半圆形的，那是因为我们站在地上看彩虹的缘故。

当你爬到很高的山上或者坐上飞机向下看，你就会看到整个圆形的彩虹了。

任务！准确无误地预测天气

在我们的日常生活中，天气的影响力是巨大的，所以很多人会关注天气预报。小时候，如果第二天要去郊游的话，前一天晚上我们会坐在电视机前看天气预报，心里还特别忐忑。天气随时随地都会发生变化，有没有什么方法能提前知道未来的天气呢？

对天气变化很敏感的蜜蜂

昆虫是神通广大的天气预报员

如今，科技发达，人们发明、设计出了许多先进的天气预报设备。没有这些先进设备之前，人们是通过观察动物预测天气的。最具代表性的动物就是蚂蚁。当蚂蚁们排队迅速移动的时候，通常就是快下雨了。

仔细观察在草丛里爬行的蚂蚁，你会发现它们的嘴里叼着卵。这是因为蚂蚁有一个器官对潮气很敏感，所以可以提前知道要下雨，开始转移卵。下雨的话，蚂蚁较低处的家会被水淹，卵就会死。搬到草丛里的话，就算下雨也不会被冲走。

蜜蜂也有非常敏感的器官，能很快地感觉到天气的变化。当蜜蜂停止采蜜，飞回蜂巢的时候，就说明要阴天了。秋天的时候，蜜蜂蜂巢的进出口如果很小的话，就说明那年的冬天会很冷；当然，进出口很大的话，就说明冬天不会很冷。

苍蝇也会预报天气。如果一直在外面飞的苍蝇突然都飞进屋子里的话，说明很快就会变天，因为苍蝇对潮气也很敏感。还有，如

对天气有敏感器官的蚂蚁

衔着卵转移的蚂蚁

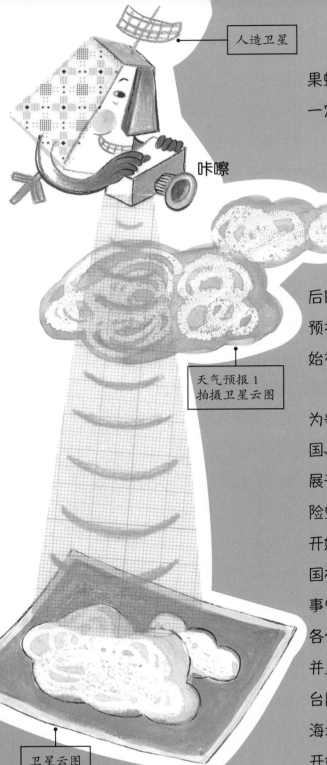

人造卫星

咔嚓

天气预报 1
拍摄卫星云图

卫星云图

果蟋蟀在大半夜不停地叫唤，那第二天一定会是晴天。

最早的天气预报

就算有些动物对天气很敏感，那它们也无法预测几个月后的天气变化，所以我们需要能准确地预报天气的天气预报。那是什么时候开始有天气预报的呢？

克里米亚战争（1853—1856年，为争夺巴尔干半岛的控制权，土耳其、英国、法国、撒丁王国等先后向俄国宣战后展开的战争）的时候，法国军舰遭遇台风，险些全军覆没。后来，法国以此为契机，开始预报天气。由于台风的突然袭击，法国在克里米亚战争中遭受了巨大的损失。事情发生之后，巴黎天文台通过欧洲的各个观测站，收集了250多个气象记录，并且进行了详细的分析。结果显示，这次台风是在西班牙附近形成，经地中海向黑海地区移动。后来，法国为了预测台风，开始建立气象观测站。1863年，世界上出现了第一个天气预报气象图。

那我们现在看到的天气预报是怎样形成的呢？负责预报天气的地方，叫作气象台。气象台主要是收集气象资料，对资料进行分析处理，然后制作气象图，用分析出来的数据预报天气。

为了准确地预测天气，收集气象资料是至关重要的。在看天气预报的时候，我们会看到一些云彩的照片，这些照片是从哪儿来的呢？这些照片不是人拍摄的，而是气象卫星（为了观测地球的气象状态，人们向太空发射的人造卫星）拍摄的。大家都知道，在1960年，美国发射了第一颗人造卫星，为地球拍摄了照片。这些卫星拍摄的照片，会告诉气象学家云的分布情况，是非常重要的气象资料。

但是光有气象卫星拍摄的卫星云图是不够的，气象学家为了收集更多的气象资料，会在很多地方建立气象站。最近，他们还利用气象雷达，快速准确地预测出雨云的移动情况。气象雷达通过发出电波来预测天气，属于主动式远程观测设备。当发出的电波遇到大气中的云、雾和雨就会返回，气象学家就是通过分析反射回来的电波预测

大气中的水珠

气象雷达

天气预报2
在气象观测
站收集材料

暴雨和冰雹的。

分析这些收集回来的数据，需要一台超级计算机。超级计算机并不是一台体积庞大的电脑，而是一台能够快速处理大量数据的电脑。为了预测天气，要用非常复杂的方程式处理这些从国内外收集回来的大量资料，而且速度也要快。我们平时用的电脑根本无法完成，所以就要用这台超级计算机来预测数值和分析结果了。在不久的将来，会有比火箭速度还快的高端超级计算机问世。到那时，天气预报会更快、更准确。

天气预报 3 用超级计算机进行资料分析

报告

数据

天气资料

有关天气的数据

超级计算机

低

高

分析完成！

不准的天气预报

天气预报说会下雨，所以带了雨伞，但是一整天都没下雨。大家可能都遇到过类似的情况，可能还会埋怨气象台。但有时候，我们在外出旅行的时候，天气预报却帮了我们很大的忙。无论运用多么尖端的设备，想准确无误地预测天气是一件很难的事情。

影响天气变化的因素有很多。就算接收到同等的太阳能，山地、平地和海洋的温度也是不同的。纬度不同的话，吸收太阳能的程度也会不同。有太多的因素会影响天气的变化，所以想准确地预测天气是非常困难的。就算科技进步，气象学家不断地积累经验，那也无法百分之百准确地预测天气。但是气象学家们依然坚守在自己的岗位上，努力寻找更好的方法。

天气预报可以预防疾病？

德国从很久以前就开始实施"医学气象预报"了。每天早晨，气象学家、物理学家和医学家就会围坐在一起，分析出天气情况和需要预防的疾病，然后告诉大家。比如说，"今天会摆脱潮湿的天气，但会受到一股冷气团的影响。容易引发一些痉挛、急性心脏病等疾病，请大家注意防范"。医学气象预报就是通过天气，分析出一些可能会引发的疾病，让患者提前做好准备。

到目前为止，哮喘、神经痛、风湿等疾病，都对天气比较敏感。心脏病和高血压也会受到天气变化的影响。老年人容易得的疾病会根据天气的变化而加重，所以要多注意收看天气预报。

竖起耳朵！

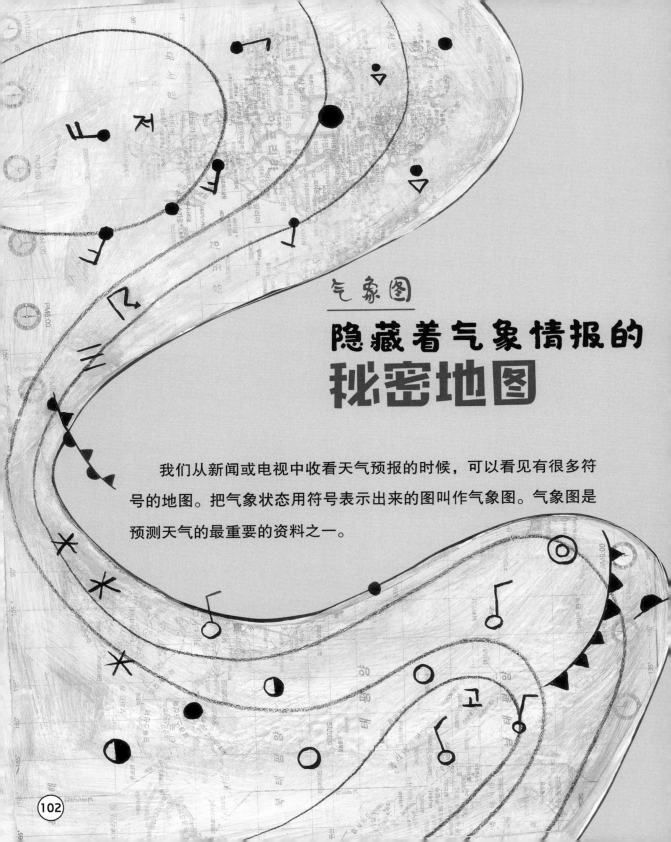

气象图
隐藏着气象情报的
秘密地图

　　我们从新闻或电视中收看天气预报的时候，可以看见有很多符号的地图。把气象状态用符号表示出来的图叫作气象图。气象图是预测天气的最重要的资料之一。

气象图的秘密钥匙——符号

把某个地域在特定的时刻或是时间段的气象状态画出来的图，叫作气象图。气象台测量了气温、气压、风向、风速之后，会用等压线、等温线、等偏差线在气象图上标示出来。包含很多气象情报的气象图上有许多符号，这些符号就是告诉人们天气情报的秘密钥匙。可是，为什么要用符号表示天气情报呢？

如果把各观测站搜集的许多资料都移到地图上，会怎样？我想结果就是地图上被写得满满的，没有一处空地方了。所以，气象图中就用数字或是符号简略地表示气压、气温、降水量、湿度、风向等多种情报。

搜集大量的气象情报固然重要，但是，简洁快速地传达气象情报也是很重要的。

啊，这就是气象图啊！

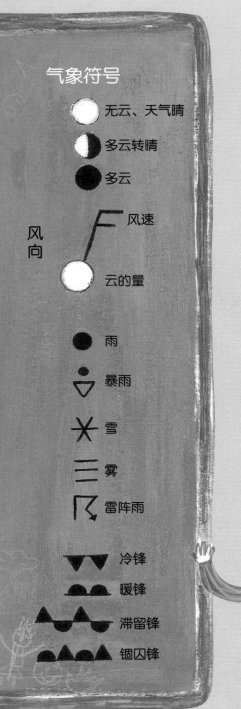

气象符号

无云、天气晴

多云转晴

多云

风速

风向　云的量

雨

暴雨

雪

雾

雷阵雨

冷锋

暖锋

滞留锋

锢囚锋

看气象图时，就会发现有一些长得像音标的符号♂，但是，这个符号♂的两个箭羽都是长的。这个符号表示云的数量和风速、风向。符号中的圆圈表示云的数量。如果这个圆圈内全部是黑的●，就代表多云。如果圆圈内有一半是黑的◖，就代表多云转晴。如果圆圈内没有黑色○，就代表天气晴朗。

箭羽表示风的速度，即风速。长的箭羽表示风速为 5 米/秒，短的箭羽表示风速为 2 米/秒。这个符号♂的两个箭羽都是长的，所以，它表示的是 10 米/秒的风速。连接圆圈和箭羽的直线表示风的方向，即风向。符号♂代表的是北风，符号♀表示的是南风。所以，符号♂表示的是无云、天气晴朗、有 10 米/秒的东北风。综上所述，气象图的每个符号里都隐藏着很多情报。

还有，在气象图中不可缺少的是等压线。等压线就是把气压相等的地点连接起来的线。画等压线时不能交错，不能分叉，也不能断开，要画得细致。气压最高的等压线的中心部分是高气压；气压最低的等压线的中心部分是低气压。

等压线的间距越宽，表示风的强度越弱；间距越窄，表示风的强度越强。因为，相较于间隔宽的等压线，间隔窄的等压线的压差越大。

除此之外，还有表示雨的符号●，表示暴雨的符号▽，表示雪的符号╳，表示雾的符号三，表示雷阵雨的符号∏等。而且，还有表示锋面的符号。表示冷锋的是符号▼▼，表示暖锋的是符号●●。

随着季节变化的气象图

气象图上标示着高压和低压。气象图上出现的高压和低压的位置，我们把它称为气压分布。

如果高压和低压总是处于同样的位置，每天就会重复同样的天气。但是，一年有四季。随着季节的更替，天气会发生变化，因此气压的分配也会有所不同。

春季气象图的特征是高压符号比较多。春天，随着气温上升，冻了一整个冬天的西伯利亚逐渐升温，释放出寒冷干燥的气团。

这个气团在经过中国南部的过程中，原先寒冷、干燥的气团变暖了。我们把这种气团称

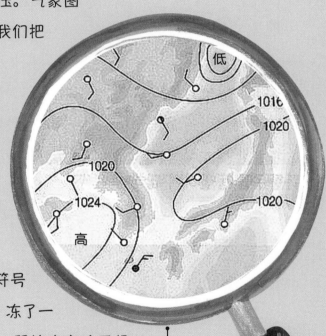

受到移动性高压影响的春季气象图

为移动性高压。所以，在受到移动性高压影响的春季，部分地区会持续一段时间比较干燥、暖和的天气。而且，有时会因为这种持续不断的干燥天气，发生干旱。

梅雨季节时活动非常频繁的滞留锋

如果查看一下梅雨季节的气象图，就会发现冷气团和暖气团的锋面停留在一个地方的滞留锋（▲▲）的活动非常频繁。

春天向夏天过渡时，北方冷气团和南方暖气团相互推挤，所以滞留锋在两个气团间的活动非常频繁。

但是，梅雨季节结束之后，展现在我们面前的是另外一幅气象图。北太平洋炎热潮湿的气团会带来影响，使得天气持续炎热。在这个时候，有时有的地区会

滞留锋活动
频繁的夏季
气象图

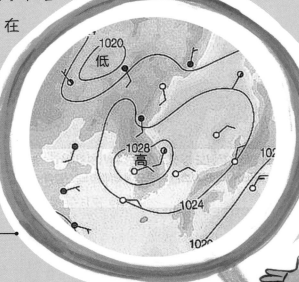

高压活动
活跃的秋
季气象图

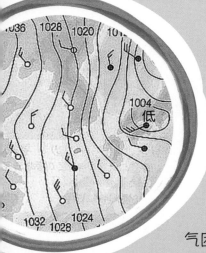

出现晚间也非常炎热的"热带夜"现象，有时有的地区会发生台风。

秋季和冬季气象图

人造卫星

到了秋天，冷气团会把停留了一个夏季的热气团赶走，并逐渐占据热气团的位置，但不是所有的空气都被换掉了。秋季到来与春季临近时的状况差不多，北方的冷气团渐渐南下。因为受到气团的影响，秋季高压的活动非常活跃，很多地区仍旧是秋高气爽的天气。

我们可以发现，在冬季气象图中，北方西伯利亚大陆性冷气团南下之后，大部分地域的天气是晴朗的。但是，又冷又干燥的西北季风非常强劲，所以，北方地区会持续非常寒冷的天气。而且，部分地区有时也会下雪。

西部气压高，东部气压低的冬季气象图

卫星云图和气象图

播放天气预报时，会出现卫星云图和气象图。卫星云图是气象卫星自上而下拍摄的照片，可以让人们了解云层覆盖状况。拍摄了云层覆盖状况的卫星云图有一个优点，就算你不是专业人士也能轻易看懂。但是它只能根据云层的覆盖状况，大致地了解某个地区的大致天气状况，却不能了解关于天气的详细情报。与此不同的是，气象图使用了数字和气象符号，可以用气压、风速、云量来比较仔细地标示出某个地域的天气。但是，如果不了解气象符号的意思，就不能轻易地看懂这些天气情报。而现在的天气预报，发扬了卫星云图和气象图的优点，弥补了它们的缺点，做到了十全十美。

全球气候变暖的罪人是?

　　据说，在过去的 140 年间，地球表面的平均温度上升了大约 0.6 摄氏度。地球表面变热的这种现象就是全球变暖现象。地球的表面逐渐变热之后，首先受到影响的是南极和北极的冰川。极地的冰川融化之后会导致海平面上升，那样的话，海水就会逐渐淹没海拔低的陆地。更为可怕的一个事实是，冰川融化会破坏陆地和海洋的生态系统，还会导致海平面上升，使海岸线发生变化等。

　　我们可以用温室效应来形象地说明全球气候变暖的原因。首先，我们先解释一下"温室效应"。温室效应是指植物园的温室通过玻璃墙聚集太阳的热量之后，可以保持、提高室内温度的原理。也就是说，围绕着地球的大气层与温室玻璃墙一样，也有保温的作用，只不过保持的是地球表面的温度。

救救我们!

冰川融化之后变高的海平面

被水淹没的陆地

太阳照射向地球的光和热大都会被大气层吸收。而且，为了保持地球表面一定的温度，地球表面吸收的热会以地球辐射热的方式再次被反射回太空。但由于大气中所含的二氧化碳等温室气体越来越多，使得大气层像玻璃一样阻碍了这个过程的发生，使得地球表面要散发出去的多余热量因为温室气体的存在没能被反射回去，只能留在地球上，最终地球的温度越来越高，这就是温室效应。如果完全没有温室效应的话，地球的温度就会非常低，所有的生物都不能生存。但是，如果温室效应太强的话，地球的温度就会比正常的温度要高，就会因为异常气象造成灾害。

全球变暖引起的可怕的变化

最近100年的气温上升速度，据

救救我！

扑通！

怎么办？

说比过去 1000 年里气温上升的速度要快两倍左右。事实上，北极的冰川厚度每年都会变薄一米以上，被雪覆盖的陆地面积每年也会减少10%以上。结果是，海平面上升，陆地渐渐被融化的冰川水淹没。现在部分沿海城市的海平面都在逐渐升高，有的一年能升高零点几厘米。

　　韩国周边的岛国和半岛国家也有危机。韩国济州岛沿岸的海平面每年会变高 0.5 厘米；西归浦市的海平面在过去的 22 年间涨高了 13.3 厘米；韩国釜山的海平面也以每年 2～2.5 厘米的速度升高，这个数值比世界平均值还要高。韩国不再是全球变暖的安全地带。从 1994 年到 2005 年，韩国因为异常的气候现象引发的夏季酷暑，导致死亡的人数已有 2100 余人。只看这一事实，我们就能大致地猜出全球变暖所带来的严重后果。

没有冰啊！

因为冰川融化失去家园的北极熊

2005 年，韩国国立气象研究所预测了朝鲜半岛的气候变化情况。他们预测 100 年之后，韩国首尔的气候会变得跟现在的济州岛、西归浦市的气候一样。那么，在 100 年之后的 2110 年左右，海平面的高度会有怎样的改变呢？根据预测，海平面每年会涨高一米左右，大片的土地将会被海水淹没，那里的人们将流离失所。而且，预测结果还表明，有些地区到了 2090 年将感受不到冬天的存在。

而且，全球变暖还会使得台风的威力变得更强。中国南部部分地区每年都会遭遇台风好几次。

制造温室气体的主犯就是人！

温室气体越多，成为全球变暖原因的温室效应就越强。温室气体是存在于大气中，吸收一部分从地面辐射的热能，造成温室效应的气体。代表性的温室气体有二氧化碳、甲烷、氧化亚氮、水蒸气等。

其中，除了水蒸气之外，其他气体的排放大部分都是由人类的活动决定的。随着人口的增加，工业

石油

噗呜！

的发展，引起温室效应的气体变得越来越多。

其中，二氧化碳占温室气体的 60%。二氧化碳多是在燃烧木材或是石油、炭等化石燃料时产生的。发明了汽车之后，随着工业的发展，燃料的消耗量急速增长，导致空气中的二氧化碳的比例也猛增。而且，人们还大肆砍伐森林，减少了把二氧化碳转换成氧气的树木，使得空气中的二氧化碳含量猛增。

还有，温室气体中另一种重要的气体是甲烷。温室气体中甲烷占据的量比二氧化碳要少很多。但是，吸收热的能力却是二氧化碳的 21 倍，所以，甲烷是不能忽视的。发生山火，种植水稻，以及家畜排泄物和食物垃圾中都会有甲烷生成。

气车行业的发展使得燃料消耗量猛增，这导致了二氧化碳含量的猛增。

家畜的排泄物中产生的甲烷

木材好多啊！

防止全球变暖！

为了防止全球变暖，就要减少温室气体的排放量。而这其中，最见成效的是减少二氧化碳的排放量。为了达到这个目的，首先就要减少化石燃料的使用。减少汽车的使用次数；骑自行车；距离比较近时，养成徒步走的习惯；冬天时，把室内温度调低一点；夏天时，把室内温度调高一点……这些都是我们力所能及的事情。而且，通过多种树、保护森林的方式，让空气更洁净，也是我们应做的事情。

黄沙

中国

沙尘暴
把整个世界变浑的
沙尘暴

刮沙尘暴的时候，天空就会变得灰蒙蒙的，可视距离越来越短；空气中的沙尘的数量也会急速增加。刮起沙尘暴的时候，不仅会有灰蒙蒙的灰尘，还有大量的沙子。遭遇强烈的沙尘暴时，有时会伸手不见五指……

沙尘暴

呼呼——刮得更远吧！

沙尘暴，你为什么会来?

黄沙，顾名思义就是"黄色的沙子"。黄沙与灰尘夹杂在风中，与风一起刮来的现象叫作沙尘暴。

黄沙主要是来源于亚洲大陆的中心——蒙古中南部戈壁地区。每年肆虐韩国的沙尘，约有六成来自蒙古。沙尘天气主要发生在春天。黄沙与沙尘一起卷到风中，飘浮在大气中，形成浮尘、扬沙或沙尘暴。因为到了春天之后，随着地面吸收的太阳能量的增加，地面的温度开始攀升。

冻了一个冬天的地面开始解冻，地表上的水分大多被蒸发掉了。地面因为没有水分变得干燥。

地表的温度变高之后，空气就会变成上升气流到天空中去。干燥的沙漠或是戈壁上的小沙粒——黄沙，也会乘着这个上升气流飘到天空中去。这些黄沙粒再跟随着每秒 30 米左右的偏西风（纬度在 30～65 度之间的中纬度地方一年四季都刮偏西的风）飞到其他地方。

这样的沙尘暴现象经常出现在像沙漠一样干燥的地方。最近，因为不保护森林、乱砍滥伐树木，导致沙漠面积增加，使得沙尘暴现象越来越严重。

　　沙尘暴现象不是今天才有的，而是从很早之前就存在了。中国史书也有对沙尘暴天气的记载：《诗经·邶风·终风》有"终风且霾"句，《后汉书·郎颙传》有"时气错逆，霾雾蔽日"。"霾"，《辞海》解释为"大气混浊态的一种天气现象"，即夹着沙尘飞扬的沙尘暴。古籍中把沙尘暴写成"黄雾""飞沙走石""黑气""黑雾"等，它被认为是一种不祥之兆。现在人们讨厌沙尘暴不是因为有不祥之兆，而是因为这种天气在现实生活中所引发的各种问题。

让你们这么热，真是不好意思！

　　沙尘颗粒有大有小，不同程度的沙尘天气，空气中悬浮的颗粒物的量也不同。这些颗粒物太小了，有的人可能会不以为然，但是它们却无孔不入，人吸入体内后会

太阳能

因为沙尘暴而干枯的植物

向上飞的沙粒

地面温度上升

引发呼吸道疾病。所以，出现这种天气时，尽量不要出门。

给生活带来灾难的沙尘暴

　　沙尘暴让空气变得浑浊，能见度降低，这会给飞机的飞行带来困难，有时还会引发事故。

　　沙尘暴的危害不仅限于人。沙尘暴也会对植物产生影响，黄沙会覆盖在农作物或是阔叶树的叶子上，让其不能正常生长。

　　沙尘暴产生的另一个原因是近年来急速发展工业所带来的空气污染。黄沙比普通的灰尘更有害，因为空气中飘浮着铅、镉、铜、铝等重金属和致癌物质，这些有害污染物质会夹杂在沙尘暴中一起刮过来。

　　沙尘暴中非常微小的颗粒会在呼吸的时候，与空气一起被吸

铝

眼部疾病

与呼吸相
关的疾病

不能呼吸了，
太难受了！

皮肤疾病

入我们的肺中。这些颗粒物可能会引发与呼吸器官相关的疾病。而且，还有可能进入到眼睛中，引发眼疾。接触到皮肤时，还有可能引发皮肤病。这些重金属不仅对我们的身体有害，还会污染环境。

　　沙尘只有极小一部分好处。黄沙是碱性的，所以可以中和酸雨或是酸性土壤。而且，黄沙进到海里，会提供对浮游植物的增殖有益的无机盐类，提高鱼类的产量。除此之外，粘在松毛虫身体表面的沙尘颗粒会导致松毛虫死亡。但是，我们不能因为这样就喜欢沙尘暴，因为沙尘暴带给我们的危害远比它带来的好处要多得多。

冬季夹杂着黄沙的黄色雪

虽然冬季沙尘暴的沙尘数量不多，但它却更有害

　　随着冬季气温越来越暖，原先只在春季出现的沙尘暴在冬天也会威胁到人们。从蒙古沙漠吹过来的冬季沙尘暴中沙尘的数量虽然不多，但却比春季沙尘暴更危险。

啊！雪竟然是黄色的。

　　春季沙尘暴是沙尘随着高气压上升到 10 千米的高空之后，随着偏西风移动而产生的。相反，冬季沙尘暴是在地面附近的沙尘受到又冷又干燥的西北季风的影响刮来的，所以冬季沙尘暴里的微细

西北季风

沙尘的浓度比春季沙尘暴要高得多。这也是冬季沙尘暴中对人体有害的铅和镉等重金属颗粒物更多的缘故。

　　冬季沙尘暴严重的时候，下的雪中也带有黄沙。如果说，春季黄沙主要是夹杂在雨中的，那么，冬季黄沙就是夹杂在雪中的。"黄色雪"很久以前就有了，所以不会让人感到陌生。但是，最近的"黄色雪"中还有许多重金属颗粒物，所以非常危险。

　　所以，不要到了冬季就放松警惕，要做好一切应对冬季沙尘暴的措施。例如，戴口罩，外出回来之后就把身体洗干净等，把应对春季沙尘暴时的举措一一牢记，并付诸行动。

粘上了脏东西！

冬季黄沙

呀！好脏。

黄沙导致电子产品的不良率增高？

　　黄沙导致电子产品的不良率增高，是一个事实。电子产品的制造需要一个无尘的空间。这样才能制造出完美的产品。但是，刮起沙尘暴的时候就会发生问题。如果一不小心沙尘进入电脑或是电子产品工厂里，出现不良产品的概率就会变高，所以出现了人们不在沙尘暴频发的春季里生产产品的倾向。而且，刮起沙尘暴时，为了控制不良制品的生产，有时也会暂停生产，给公司和劳动者带来莫大的损失。

铅

铝

镉

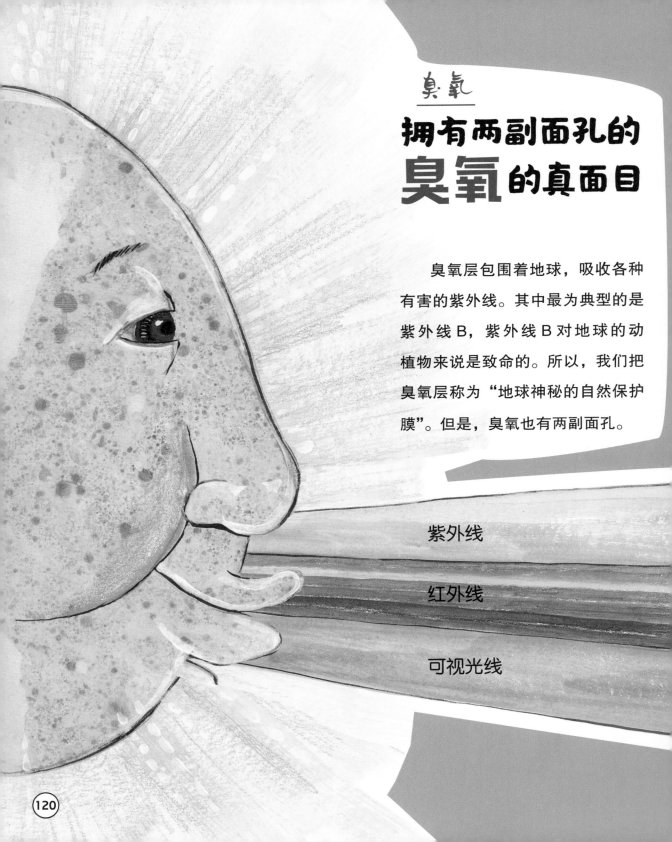

臭氧

拥有两副面孔的**臭氧**的真面目

臭氧层包围着地球，吸收各种有害的紫外线。其中最为典型的是紫外线 B，紫外线 B 对地球的动植物来说是致命的。所以，我们把臭氧层称为"地球神秘的自然保护膜"。但是，臭氧也有两副面孔。

紫外线

红外线

可视光线

阻挡紫外线的臭氧层是生命层

晒太阳久了，皮肤就会变黑。这是为什么呢？阳光由许多种类的光线组成，其中，最有代表性的是可视光线、紫外线、红外线。我们能看见事物，是因为有可视光线，传播热量的光线是红外线，在夏天把皮肤晒黑的"罪魁祸首"是紫外线。

紫外线可以使人体内生成所必需的维生素 D，让骨骼变得强壮。紫外线还有杀菌功能，可以杀死大肠杆菌、白喉棒杆菌、痢疾杆菌等。所以，把衣服晒在阳光下，就自然而然起到了杀菌的作用。但是，这些都是紫外线的数量较少时才能享受到的好处。当紫外线的

为什么就我不行？

紫外线，你不行！

地球

数量变多时，就会产生许多问题。

例如，紫外线直接照到我们的身上，会让我们的皮肤变黑、变粗糙。如果情况严重，还有可能引发皮肤癌，使我们对疾病的免疫力也大大降低。不仅如此，紫外线还会给别的生物带来影响。强烈的紫外线还会阻碍植物的光合作用，减少农产品的收成。而且，过多的紫外线照射会让水中的浮游生物的数量减少，那么，以浮游生物为食物的鱼儿的数量就会急速减少，最终会导致水中生物的生态系统遭到破坏。

臭氧层在阻挡紫外线方面，起着非常重要的作用。也就是说，臭氧层是可以保护地球生物的生命层。离地球表面 20 ~ 30 千米高度的平流层中，臭氧形成了一层薄薄的膜，这就是臭氧层。这里的臭氧量占地球大气臭氧总量的 90% 左右。这么多的臭氧聚在一起，像一

被破坏的臭氧层

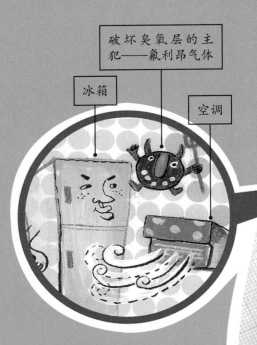

破坏臭氧层的主犯——氟利昂气体

冰箱

空调

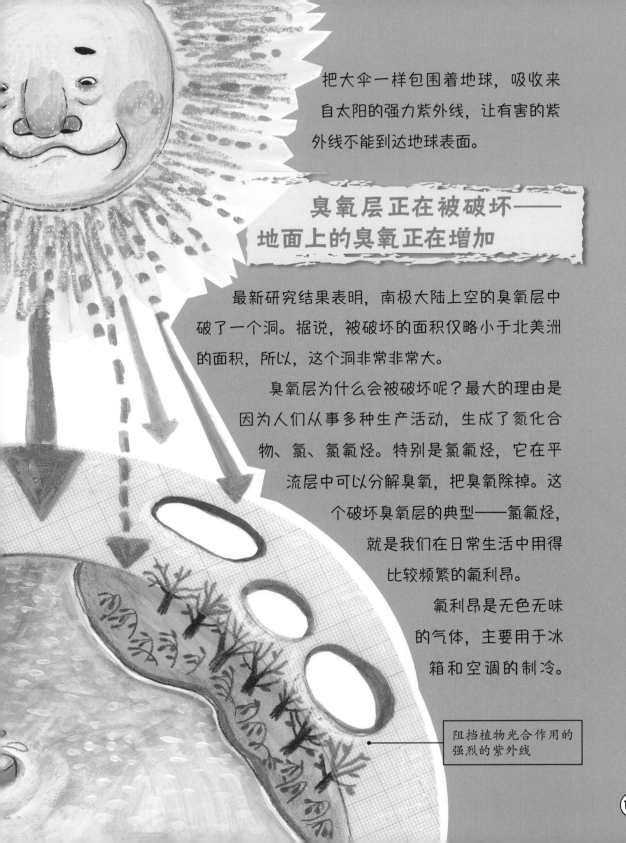

把大伞一样包围着地球，吸收来自太阳的强力紫外线，让有害的紫外线不能到达地球表面。

臭氧层正在被破坏——地面上的臭氧正在增加

最新研究结果表明，南极大陆上空的臭氧层中破了一个洞。据说，被破坏的面积仅略小于北美洲的面积，所以，这个洞非常非常大。

臭氧层为什么会被破坏呢？最大的理由是因为人们从事多种生产活动，生成了氮化合物、氯、氯氟烃。特别是氯氟烃，它在平流层中可以分解臭氧，把臭氧除掉。这个破坏臭氧层的典型——氯氟烃，就是我们在日常生活中用得比较频繁的氟利昂。

氟利昂是无色无味的气体，主要用于冰箱和空调的制冷。

阻挡植物光合作用的强烈的紫外线

紫外线强度最强的时间是上午 11 点到下午 1 点之间。

冰箱和空调用得越多，臭氧层被破坏得越厉害。所以，意识到臭氧层被破坏的严重性的人们正限制着氟利昂气体的生产和消耗。但是，要让已经被破坏的臭氧层再恢复到原先的状态，不是一件容易的事情。

与在平流层吸收紫外线的好的臭氧不同，地面上的臭氧却会给人们带来麻烦。空气中臭氧的含量虽然不多，但是仍有少量的臭氧存在。到山顶或是去海边时，之所以给人凉爽的感觉，是因为空气中有臭氧。

但是，汽车排放的尾气在夏天强烈的阳光下被分解之后，形成的臭氧对我们人体是有害的。它会刺激人的肺、眼睛等器官，引发许多疾病。而且，臭氧还会对植物产生影响，它会破坏叶绿素，让叶子干枯。臭氧的危害如此巨大，但是，人们还是执迷不悟，汽车的使用量还是在大大地增加，地面上的臭氧也变得越来越多。

遮阳伞

墨镜

围巾

安全帽

橡胶手套

游泳镜

完美阻挡紫外线！

需要阻挡紫外线

随着臭氧层被破坏，到达地面的紫外线的数量越来越多。由于平流层的臭氧量和云彩数量的不同，到达地面的紫外线的强度也会不同。所以，气象台以平流层的臭氧量和天气的变化为基础，来预报紫外线指数。

　　紫外线指数分成 10 个等级，用来衡量紫外线辐射强度，度量裸露在紫外线下的皮肤的危险程度。当紫外线指数是 0 时，代表没有什么危险，而紫外线指数超过 9 就代表非常危险。

　　一天之中，紫外线强度最强的时间是上午 11 点到下午 1 点之间。在这个时间段内，减少在户外的时间对健康是有利的。如果非要出去，就戴上墨镜、帽子、遮阳伞等，以保护眼部和皮肤。而且，还要把防晒霜抹在脸部和脖子、手部等裸露的地方。

　　防晒霜包装上都标有防晒系数，也就是 SPF 和 PA 指数。它们表示的是，抵挡让皮肤变黑、变粗糙的主犯——紫外线 B 和紫外线 A 的程度。SPF 指数越高，就表示抵挡紫外线 B 的效果越好。被标示为 PA+、PA++、PA+++ 的 PA 指数是 + 记号越多，表示抵挡紫外线 A 的效果越好。在日常生活中适宜用 SPF20、PA++ 的防晒产品，而在户外，最好使用 SPF30 以上、PA+++ 的防晒产品。

在春季或是秋季，也要涂防晒霜？

　　一般人们都认为 7 ~ 8 月份的紫外线是最多的，也是最强的。但是，气象资料表明，5 ~ 6 月份和 9 月份的紫外线的危害一点也不比夏天的小。秋天紫外线的照射会成为皮肤老化的主要原因。因为长期裸露在夏天的紫外线下，此时皮肤下生成晒斑和雀斑的黑色素已经增加，所以，秋天只要稍微把皮肤裸露在紫外线下就会长晒斑和雀斑。因此，就算在春季和秋季也不能忘了涂抹防晒霜。

智力大冲关

1. 下列对气团的说明中错误的是？

①陆地上的气团干燥。

②海面上的气团潮湿。

③气团和天气的变化毫无关系。

④拥有类似性质的气团飘过了数百、数千公里之后，有可能变大。

2. ＿＿＿＿气团是冬季北方地区的典型气团，因为在北部大陆形成，所以阴冷、干燥。北方的冬天之所以又冷又燥，就是因为受到了＿＿＿气团的影响。＿＿＿中应填入的词语是？

①北太平洋　　②西伯利亚　　③南极　　④鄂霍次克海

3. 飘浮在云中间的正电荷和负电荷冲突之后形成的摩擦电叫作＿＿＿，闪电时发出的声音叫作＿＿＿，带电的云层对大地迅猛地放电，叫作＿＿。依次排列＿＿＿中的单词的是？

①雷声、闪电、雷击　　②雷击、雷声、闪电

③闪电、雷声、雷击　　④闪电、雷击、雷声

4. 下列叙述中，不是关于自转的叙述是？

①地球一天自转一次。

②地球的自转轴倾斜 23.5 度。

③因为有地球的自转，才有白天和夜晚。

④地球自转的方向是自东向西。

5. ＿＿＿是观察代表季节的许多生物的状态，获取关于季节的情报的方法。它分为植物季节观测和动物季节观测。在＿＿＿中填

入适当的内容。

6. 关于彩虹的说法中正确的是？

①主要可以在空气污染严重的城市中看到。

②呈半圆模样，必须是七种颜色。

③经常能在阳光充足的天气里看到。

④彩虹是太阳光线射到空气中的水珠之后，被反射、曲折的现象。

7. 对于昆虫的特性和天气的关系，描述错误的是？

①蚂蚁成群移动的时候，一般会下雨。

②蜜蜂把蜂窝的入口造得很大，说明那年冬天很冷。

③苍蝇突然成群结队地跑到屋中，说明天气要变坏。

④蟋蟀晚上叫个不停，说明第二天是好天气。

8. 把某个地域在特定的时刻或是时间段的气象状态用图表现出来的叫作▨▨▨。在▨▨▨中填入适当的单词。

①气象图　　②等压线　　③等温线　　④等偏差线

9. 关于全球变暖现象的叙述中，不正确的是？

①地球表面的温度上升的现象叫作全球变暖现象。

②因为全球变暖，极地的冰川正在融化。

③全球变暖导致海平面上升，使得海拔低的陆地被水淹没。

④韩国属于全球变暖现象的安全地带。

10. 阳光由多种光线组成。我们可以看见事物是因为有▨▨▨，传播热量的光线是▨▨▨，夏天去海边游泳时，让我们的皮肤变黑的"罪魁祸首"是▨▨▨。依次排列▨▨▨中的单词的是？

①可视光线—紫外线—红外线　　②红外线—可视光线—紫外线

③可视光线—红外线—紫外线　　④紫外线—可视光线—红外线